U0164904

WHAT' S EATING THE UNIVERSE?

And Other Cosmic Questions

谁会吃掉
我们的宇宙？

[英] 保罗·戴维斯（Paul Davies）/ 著

柏江竹 / 译

中信出版集团 | 北京

图书在版编目（CIP）数据

谁会吃掉我们的宇宙? /（英）保罗·戴维斯著；
柏江竹译 .—北京：中信出版社，2022.6（2022.7 重印）
　书名原文：What's Eating the Universe?: And
Other Cosmic Questions
　ISBN 978–7–5217–4397–5

　I. ①谁… II. ①保… ②柏… III. ①宇宙学－普及
读物 IV. ① P159–49

中国版本图书馆 CIP 数据核字（2022）第 080072 号

谁会吃掉我们的宇宙?
著者：　　[英]保罗·戴维斯
译者：　　柏江竹
出版发行：中信出版集团股份有限公司
　　　　　（北京市朝阳区惠新东街甲 4 号富盛大厦 2 座　邮编　100029）
承印者：　河北赛文印刷有限公司

开本：880mm×1230mm　1/32　　印张：6.25　　字数：110 千字
版次：2022 年 6 月第 1 版　　　　印次：2022 年 7 月第 2 次印刷
京权图字：01–2022–2330　　　　　书号：ISBN 978–7–5217–4397–5
定价：59.00 元

II 谁会吃掉我们的宇宙？

我们展开了这样一篇科学探索的故事：什么在吞噬宇宙？这个故事解释了近些年来我们如何解开古老的宇宙之谜，这些惊人的新发现正在颠覆我们对于物理现实的理解。为了充分地掌握全局，我们必须从时间的边缘启程，穿过我们经历的时代，前往无尽的未来。这就是宇宙学要做到的——研究整个宇宙的起源、演化和命运，它将巨大的和渺小的事物、广阔无垠的空间和亚原子物质的最深处紧紧地联系在一起。这些大胆的、令人瞠目结舌的努力，让我们得以探索数千年来由宗教和哲学垄断的领域。

有些人可能会觉得，在科学的探照灯照亮了自然隐藏许久的运作方式之后，自然将变得不再神秘和浪漫。然而，我一直坚信，我们探索得越深入，物质世界就会显得越发美丽和令人敬畏。被揭开了面纱的自然，会毫无保留地向我们展现它的千姿百态。我们应当明白，这真是再好不过了。在后面的章节中，我们将会详细地探讨人类在宇宙学中取得的发现，并研究由此产生的基本哲学问题，比如，宇宙为什么存在？为什么宇宙以我们看到的形式存在？为什么自然法则会是现在这副模样？以及，一个由无意识、无目的的粒子组成的系统，如何产生有意识、有思维、对其身处的世界有感知的生物？

我这一生都在研究上述关于存在的重大问题，我很荣幸能够作为一名理论物理学家、宇宙学家和天体生物学家，从专业的角度探究这些问题中的一部分。虽然我本人贡献寥寥，但我曾与一些物理学和天文学领域的巨擘有过接触，这些人才华横溢，一直走在探索下一个未知的路上。他们以科学的视角探索这个世界的巨大热情极富感染力，这是我的灵感不断涌现的源泉。我经历的是整个科学探索历程中最激动人心的时期之一，有许多重大的问题从虚无缥缈的理论变成了来之不易的发现。科学研究中经常出现的情况是，虽然一个问题得到了解答，但随之又会产生十几个新的问题，至今如此。我们已经取得了许多成就，但仍有许多问题笼罩在迷雾之中。我对本书的定位是，对我们当前理解的所有内容的简要总结。

多年来对我的研究工作予以帮助的人数不胜数，我无法在这里一一列举，但我要特别感谢以下几位：亚利桑那州立大学的切奇利娅·卢纳尔迪尼（Cecilia Lunardini）和里奇·列别德（Rich Lebed），他们为我阐明了粒子物理学中的一些问题；澳大利亚国立大学的查利·莱恩威弗（Charley Lineweaver），他帮助我理解了宇宙学视界的特性;格伦·斯塔克曼(Glenn Starkman),他有关宇宙微波背景异常现象的演讲启发了我的灵感;还有西蒙·米顿(Simon Mitton),他提醒我注意一些史实方面的错误。露西·霍金(Lucy Hawking)和克里斯托弗·麦凯(Christopher McKay)在插图方面为我提供了宝贵的帮助。我也要感谢我的妻子波利娜(Pauline),她仔细地阅读了本书的文稿,提出了很多改进的建议,并且不断地鼓励我。她的文字功底远胜于我,本书得以最终成稿,她功不可没。最后,我要感谢本书英文版的编辑、企鹅出版社的克洛艾·柯伦斯(Chloe Currens),她自始至终以轻松愉悦的口吻给予我建议、评价和指导。

保罗·戴维斯

2021 年 5 月于美国凤凰城

1.

宇宙学改变了什么？

1990年1月14日，世界各地的多家报纸都刊登了一张红蓝相间的图片，并声称这张图片展示了宇宙的诞生。它的制作者、首席科学家乔治·斯穆特宣称："看到它就像看到了上帝的脸。"用斯蒂芬·霍金的话说，这张图片代表了"20世纪最伟大的科学发现之一，甚至有可能是历史上最伟大的科学发现之一"。

这些人交口称赞的对象是一幅用颜色编码的天空热力图，是由被称为宇宙背景探测器（COBE）的人造卫星制作的。宇宙背景探测器的任务是探测宇宙大爆炸正在消散的余辉——充斥整个空间的海量微波，它从宇宙诞生之初就开始向外传播，几乎没有受到什么干扰。图片中的各种不规则斑点显示出宇宙

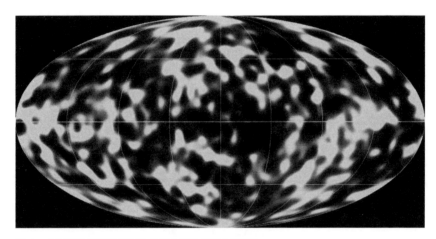

图 1　宇宙背景探测器获取的宇宙大爆炸余辉全天图像

中温度稍高或稍低的区域。这个万花筒般的图案中藏有的与宇宙诞生那一刹那的"阵痛"相关的重要线索，正是在时间的边缘留下的。

宇宙背景探测器开启了宇宙学的黄金时代。在此后的30年里，该领域从一片荒芜变成了一门精密科学。矛盾的是，我们现在对宇宙历史的总体了解比我们对地球历史的了解还要多。然而，用丘吉尔的话说，这不是宇宙学的终点，也不是结束的序幕已然拉开，而是序幕已然结束。①

宇宙学听起来好像是一个冷门学科，但它从很多方面间接地影响了每个人。我们都需要知道世界为什么会变成这样，我们又是如何存在这样的世界之中的。回望人类的历史长河，我们会发现几大文明都在试图通过创作创世神话来满足这一需求：这些神话故事并不是科学意义上的阐释，而是致力于用更宏大的叙事来解释人类之存在的尝试。当2 500年前的古希腊哲学家将"宇宙学"（cosmology）作为一门正式的学科提出的时候，它被赋予一个与"化妆品"（cosmetic）同根的单词为名，这表明他们认为宇宙学是美丽、完好无损和完美无瑕的，而绝不是混乱的。这个名词隐含着这样一层意思："宇宙"是一个秩序井然、有条不紊的实体，它可以被人类的理性思维理解。然而，宇宙学研究的新进展一直要等到2 000年后的科学

---

① 典出"二战"时期英国首相丘吉尔的演讲《The End of the Beginning》。——译者注

时代才会到来，届时人类会取得一系列令人惊叹的发现。当哥白尼于1543年声称地球绕着太阳公转时，他打破了盛行几个世纪的以人类为中心的宇宙模型。当然，这对人们日常生活的直接影响很小——它并没有引发暴乱，也没有触发战争或经济危机。然而，随着时间推移，"我们并不位于宇宙中心"这一认识从根本上改变了人类对这个世界的认知。这种影响不仅体现在科学领域，也体现在宗教、社会学和经济学领域。

现在，我们即将面临另外一场观念的转变，它比哥白尼引领的那场更具颠覆性。我们的子孙后代将会回顾我们身处的时代，并且对有幸亲眼见证这一切的人满怀羡慕。但是，在这些科学发现之外还隐藏着一个深奥的谜团。出于某种原因，在环绕着一颗普通恒星运行的一颗普通行星上，进化出了一种普通生物，而且他们居然想方设法弄明白了这个世界是如何组建起来的。这无疑告诉了我们一些关于人类在自然界中处于什么地位的意义深远的东西，不过，具体是什么呢？

2.
打开宇宙大门的钥匙掌握在谁手中？

　　仰望夜空，你一定会被壮丽的景色震撼——银河在夜空中描出的弧线，无数的恒星不停地眨着眼，以及从不闪烁的明亮行星。夜空的浩瀚和复杂如山呼海啸般扑面而来。千百年来，我们的祖先观察着同一片夜空，并试图搞清楚他们看到的究竟是什么。解开这个谜题的关键是什么？宇宙是如何诞生的？人类在世间万物中居于何种地位？

　　对许多古代文明来说，理解天空不仅是一种哲学上或精神上的探索，还是一种实际的需求。掌握天体运行的规律对人类的生存来说至关重要，比如应用于航海、季节性迁徙、作物的生长和计时等。我们的祖先对太阳、月亮和行星的运行周期非常关注，这一点在他们建造的巨石阵中展露无遗。我们发现其中一些结构与天文事件（这些事件通常具备神圣的意义，并且以精心设计的仪式为标志）相呼应，这显然是当时的人们有意为之的结果。天空被视为超自然力量存在的领域，在某些文化中，太阳、月亮和行星被奉为神祇。

但是，天体运行中非常明显的规律性隐含着一个截然不同的概念：天空并不是众神的游乐场，而是一台机械装置，是一个由运动部件组建的精密系统。一旦这个概念被确立，精确的测量就成为决定如何组建和调节这台装置的关键。于是，算术和几何学变成了不可或缺的技能，天文学家也凭借其强大的能力，在人类社会中扮演着像牧师和皇帝一样重要的角色。他们周密的测量和分析逐渐揭示出天体运动中的数与形、秩序与和谐，几个世纪来也建立了许多理论模型。生活在2世纪的希腊天文学家克罗狄斯·托勒密对早期天文学家的思想进行了提炼，形成了著名的托勒密宇宙观。他提出了一个由相互嵌套的球体组成的复杂系统，这些球体以不同的速度绕地球旋转。

一方面，宇宙的机械模型在正常地运行；另一方面，神学的维度从未被完全消除。有关宇宙起源的问题一直非常棘手：这个宏伟的装置是如何出现的？是否存在一种启动该装置的原动力？它是一个在混乱中创造秩序的超自然造物主，还是一个可以凭空创造一切的创世之神？在这些早期的模型中，没人尝试过将天体的运动与地球上物质的运动联系起来。虽然天空和大地都存在无数的运动，但它们泾渭分明，这种观点贯穿

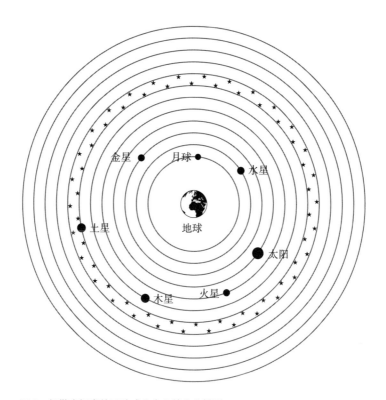

图2 托勒密提出的以地球为中心的宇宙模型

了中世纪的绝大部分时间，直至17世纪。此后，人类对宇宙
的理解发生了巨大的转变。一小群有远见卓识的自然哲学家开
始意识到，宇宙的钥匙并非掌握在神的手中，也不是藏在宇宙
本身的几何结构里。它实际上是一种抽象的事物，超脱于物质
世界而存在于自然法则之中，人类的感官无法感知它，但人类
的理性能够理解它。古代哲学家钟爱的数与形不仅表现在特定

的物理对象和系统中，还与自然法则交织在一起，形成了一个由某种宇宙密码加密的马赛克图案。这种概念上的转向令人心潮澎湃，标志着人类从单纯地描述世界进阶至解释世界。1632年，伽利略用诗意的语言表达了伴随这一转变而来的巨大认知飞跃："伟大的自然之书是用数学的语言写就的"，如果没有数学语言，"就像一个人在黑暗的迷宫中徒劳地徘徊"。伽利略认为理解宇宙的关键在于用数学破解难题，3 个世纪后詹姆斯·金斯爵士也表达了同样的观点："宇宙似乎是由一位理论数学家设计出来的！"伽利略开启了"解开隐藏在自然界中的数学秩序"这一任务，但直到下一代科学家登上历史舞台，尤其是在艾萨克·牛顿和戈特弗里德·莱布尼茨的不懈努力之下，伽利略的愿景才得以实现。那时的科学研究可不像今天这样规模宏大、组织严密，这项我们现在称其为"科学"的事业的开拓者更像邪教组织成员，他们几乎断绝了外部交流，傲慢易怒、任性自大地沉浸在古老的神秘传统之中。

　　伽利略率先使用他发明的望远镜来研究天空，更加精确地测量行星的运动及其轨道的形状。和伽利略一样，牛顿把目光投向了太阳系，试图用数学方法揭示能同时适用于地球和太空的运动定律，而且这些定律可以通过观察和测量加以验证。为了做到这一点，他需要找到那把用数学打造的钥匙，但无论是在古希腊算术和几何学的文献中，还是在中世纪的改良理论中，他都一无所获。于是，牛顿只能自己创造一种数学理论，他称之为"流数术"（fluxions），也就是我们今天所说的微积分。在他20岁出头的时候，正赶上1665—1666年的大瘟疫暴发，他不得不在位于林肯郡的家中隔离。牛顿从那时开始将流数术应用于运动定律，发现了引力这种能够穿过空间的神秘力量，并且精确地计算出引力的大小与距离的平方成反比。

就这样，人类打开了一扇通往天空的新窗户。彗星划出的抛物线、行星优美的椭圆轨道、月球的扇形旋转轨迹……所有天体运行轨道的精致轮廓都已经勾勒清楚，它们彼此之间通过固定的数学逻辑关系联系在一起。我永远不会忘记，学生时代的我第一次将牛顿定律应用于行星绕太阳的公转运动并得出一个对应椭圆轨道的数学公式时，我的内心有多么兴奋。这简直就像魔法一样！不难想象，牛顿本人一定也体验过同样的兴奋，当他用自己创建的公式计算出那些天文学家经过长年累月观察才得到的几何图形时，他是多么兴奋、激动、敬畏啊！

尽管这种程度的进步足以令人叹为观止，但牛顿还有更加宏伟的愿景。在解决了有关太阳系的问题之后，他开始将万有引力定律应用于整个宇宙。既然伽利略用望远镜观测过银河系，那么此时的人们显然已经知道宇宙中布满了恒星。但这些恒星是如何排布的？它们是聚集在一团巨大而有限的云中，还是无穷无尽地散落在无限的空间里？牛顿把宇宙想象成一部巨大的发条机器，无处不在的引力顽强地牵引着空间中的每个天体，并维系着它的结构。当地球绕太阳公转时，其沿着椭圆轨道的运动抵消了引力的作用，最终达到了一种平衡：我们的行星受太阳的引力牵引，但不会落入太阳。不过，作为一个整体的宇宙又会面临怎样的情况呢？牛顿想知道的是，在没有任何东西制衡的情况下，为什么所有的恒星不会聚集到一起形成一团巨大的物质呢？

他得出的答案是，宇宙一定是无限大的。如果没有边界，也没有重心，整个宇宙就没有可坍塌的地方。任意一颗恒星都会被来自各个方向的引力牵引，这些引力之间保持着平衡。"它们之间的相互吸引破坏了它们之间的相互作用。"牛顿用这句奇特的话来表述这种状况。这种做法看似挺聪明，但也可以说是一个思维上的小把戏。正如牛顿自己承认的那样，这种微妙的平衡实际上并不稳定，"在我看来，让一根针立起来的难度和同时让无数根针立起来的难度是无法相提并论的……"所以，牛顿提出的无限大的宇宙正在坍缩的边缘摇摇欲坠。然而，作为一名虔诚的信徒，牛顿在必要的时候并不回避祈求上帝维护他的造物。

这个问题就这样被搁置了。直到两个世纪之后，人们才找到了正确的解决办法，但现在我们透过历史的镜子就可以发现，答案其实远在天边，近在眼前。

3.

为什么夜空是黑暗的？

　　除非你生活在北极圈或南极圈以内，否则你生命中的每一天都会出现昼夜交替的情形。大多数人都未曾深入思考过这个现象，不过事实证明，虽然我们认为黑暗的夜空只是一件稀松平常之事，但它明明白白地向我们揭示了一些有关宇宙的深刻真相。

　　太阳落下只是睡前故事的一部分，而有关星星的故事总是被我们抛在脑后。我们通常不会注意到头顶闪耀的星光，因为它们极其微弱，但真实的原因在于恒星距离我们太过遥远。以夜空中亮度等级最高的恒星天狼星为例，它的亮度实际上是太阳的25倍，但在我们眼中太阳比它亮130亿倍。这是因为天狼星距离我们80万亿千米，而太阳距离我们1.5亿千米。如果把它们放在同样远的位置上进行比较，我们就会发现太阳实际上比天狼星暗得多。

发光物体的亮度会随着距离增加而减弱，二者之间的数值关系是这样的：如果将距离扩大到原来的2倍，亮度就会变为原来的1/4；如果将距离扩大到原来的3倍，亮度就会变为原来的1/9，以此类推。宇宙中的恒星距离地球越远，它们在我们眼中就越暗。但相应地，距离越远，恒星就越多，这种数量上的增长会弥补随距离增大而变暗的亮度。据估计，仅在银河系中就有4 000亿颗恒星，现代望远镜的观测结果告诉我们，宇宙中还存在着数十亿个其他星系。那么，为什么这些光源组合而成的亮度还是那么不起眼呢？

18世纪中期，同样的难题摆在一位瑞士天文学家让-菲利普·洛伊斯·德舍索（Jean-Philippe Loys de Cheseaux）面前。德舍索偶然间想到，如果真像牛顿认为的那样，宇宙是无边无际的，无穷无尽的恒星散布在宇宙的各个角落，那么夜空应当会被星光照得亮如白昼。当然，我们的地球也会被它们炙烤得焦黄酥脆。德国天文学家海因里希·奥伯斯在1823年得出了相同的结论，所以该说法被冠以"奥伯斯佯谬"之名。

如果这些恒星分布在某一特定的距离处——除了黑暗的虚空之外什么也没有的地方，这个悖论就能得以规避。在这种情况下，星光的总和可能不会太亮。虽然这样能说得通，但我们又不得不面对那个一直困扰牛顿的问题：如果恒星的数量是有

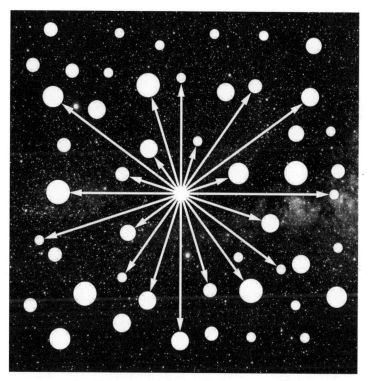

图 3 奥伯斯佯谬。如果宇宙中的恒星数量是无穷的,那么每条视线上都会出现一颗恒星,夜空中也不应当存在黑暗之处

限的，又是什么阻止了它们全部聚集在一处，形成一团杂乱无章的巨大物质呢？这可真是应了那句老话，"人亦有言，进退维谷"。换言之，整个宇宙要么直接坍缩，要么变成一座永久的焚烧炉。

还有另外一条规避奥伯斯佯谬的途径。即便恒星确实无穷无尽地散布在空间中，它们在时间上的分布也有可能是有限的，对吧？现在我们知道，恒星显然不可能永远闪耀下去。无论它们的能量源于什么，迟早会有燃料耗尽的那一天。然而，这一认识在19世纪并不是常识，那时没人知道是什么让恒星发光。事实上，直到20世纪40年代，天体物理学家才弄明白恒星发光的原因。

尽管恒星无法持续发光，但我们可以确定它们此时此刻正在发光。如果真有无穷多颗恒星，为什么它们发出的光累加起来也无法将夜空点亮呢？要回答这个问题，我们得先追溯到1676年，丹麦天文学家奥勒·罗默在那一年完成了一次具有里程碑意义的观测。此前，伽利略发现了木星同样拥有卫星，罗默观测的正是木卫一的运动，木卫一绕木星的公转就像时钟上的指针那样有条不紊。罗默发现，当木星位于地球对侧（太阳的另一边）时，它的时钟似乎运行得很慢。这种不协调的现象可以解释为：光从木星出发抵达地球需要花费几个小时，考虑到木星和地球在公转轨道上所处的位置不同，光在旅途中花费的时间也有所不同。罗默知道这些行星轨道的大小，并结合木卫一精确的运动时间计算出光的速度——每秒214 000千米。考虑到当时的计算方法较为粗陋，他的计算结果和每秒299 792.458千米的实际值已经相当接近了。

在现实生活中，光速看起来就像无穷大，但在天文学尺度上并非如此。例如，来自天狼星的光要花8.6年才能抵达地球，所以当你在天空中看到天狼星时，你看到的是它8.6年前的样子。就算它现在爆炸了，我们也得将近10年后才会观测到。恒星距离我们越远，我们就能看到其越久远的过去。例如，仙女座大星云①这团肉眼隐约可见的模糊光斑，就是250万年前的恒星发出的光。光在一年时间里经过的距离被称为"光年"，在天文学上是一个方便使用的单位：1光年约等于10万亿千米。

现在，我们回到奥伯斯佯谬的问题上，它的论证方法被光速的有限性完全改变了。假设有一颗恒星已经持续闪耀了10亿年，但如果它距离地球超过10亿光年，我们就无法看到它，因为它发出的第一束光尚未到达地球。因此，即使宇宙真如牛顿所说是无穷大的，我们也只能看到有限数量的恒星——它们距离我们较近，发出的光也来得及到达地球。至于那些距离超出光的行程范围之外的恒星，它们所处的位置在我们看来就是

---

① 尽管后来的观测表明，该天体实际上是位于银河系之外的星系，其正确的名称应当是"仙女星系"。不过，"仙女座大星云"这一名称仍沿用至今。——译者注

一片黑暗。

我们可以视同这片"黑暗区域"及更远处的恒星不存在，而在过去10年左右的时间里，哈勃空间望远镜实际上已经能够探测到这些恒星的存在。黑暗区域距离地球超过130亿光年，在此范围内大约有10^{24}颗恒星。我粗略地算了一下所有这些恒星的亮度加起来有多少，得到的结果是和木星发射到地球上的光差不多亮，只不过它们均匀地分布在整个夜空中，所以肯定无法使黑夜亮如白昼。在2020年年底，一些天文学家宣布他们利用新视野号宇宙飞船成功测量了整个宇宙的累积星光。这艘飞船已经飞出了冥王星的轨道（那里是整个太阳系的极暗之地），目前仍在向太空的更深处进发。他们的测量结果显示，整个夜空的亮度还不到太阳的100亿分之一，为此前预测数值的2倍，但造成这一结果的原因尚未查明。

值得深思的是，天文学家居然花了这么长时间才根据他们掌握的信息推断出现在的结果。自17世纪至今，他们本可以再早一些得出一个显而易见的结论：夜空之所以黑暗，是因为宇宙不可能一直是现在的样子。在我们经历的时代之前，一定存在过某些非常与众不同的东西，甚至有可能空无一物。

4.

宇宙真的起源于大爆炸吗？

在亚利桑那州的弗拉格斯塔夫（又称旗杆市）有一座著名的天文台，它是由一位名为珀西瓦尔·洛厄尔的富商于1894年出资建成的。洛厄尔一开始打算用望远镜来寻找火星人，这在19世纪下半叶可不是什么稀奇事。那时科学家曾公开讨论过火星上有生命居住的可能性，天文学家自然也热切地在这颗红色行星上寻找生命存在的迹象。1877年，意大利天文学家乔瓦尼·斯基亚帕雷利声称，他在火星表面看到了一些直线状图案，或者是一些"沟渠"，引发了诸多有关"火星运河"的猜测。对于当时"火星热"的情形，我们可以在赫伯特·乔治·威尔斯的科幻小说《星际战争》（又译《世界大战》）的精彩叙述中窥见一斑。受到"火星工程师"的影响，洛厄尔开始用望远镜观测火星，并绘制了一幅详尽的火星运河地图，不过这些运河系统后来被证明完全是幻想。

在洛厄尔进行着堂吉诃德式探索的同时，他的天文台在进行传统的天文学研究。到19世纪末，望远镜已经发展到可用于观测银河系之外的地方。当时天文学界面临的主要问题和宇宙的大尺度结构有关，尤其是：那些在天空中呈现为一缕缕光带的星云到底是什么？它们是位于银河系内的巨型气体云吗？或者它们本身就是完整的星系，只因为距离太远而导致我们无法分辨其中的单颗恒星？

1909年，洛厄尔天文台的一位名为维斯托·斯里弗的天文学家，开始研究这些星云发出的光具有什么性质。他的工具只有一台比较普通的24英寸望远镜①，所以这注定是一项缓慢、艰苦和乏味的工作。现在天文学家使用的精良电子设备当时尚未发明出来，所有的观测都必须依靠人的双眼和双手来完成。为了让设备发挥出最佳性能，往往还需要灵机一动的即兴发挥。斯里弗用一种叫作光谱仪的装置对星云发出的微弱的光进行了分析，这种装置能够将组合光分解成单色光。无论天寒地冻还是酷热难当，斯里弗都坚持不懈、夜以继日地在胶片上记录着他的观测结果。在那个年代，天文学家可不是什么好差事。然而，世界上总有那么一群人愿意前往那些无人问津的角

---

① 在描述天文望远镜时提到的尺寸一般指望远镜的口径，24英寸等于60.96厘米。——译者注

落，呕心沥血地探寻宝藏，在洛厄尔天文台里上演的就是这样的故事。到1912年，斯里弗终于收集到足够多的数据，得出了一个结论：大多数星云的颜色都比银河系红。这是为什么呢？一种显而易见的解释是，当光源以极快的速度后退时，它发出的光波被拉长，并朝着光谱上红色的一端移动。斯里弗据此推断，大多数星云正在急速地远离我们。

回望过去，我们可以将1912年视作现代宇宙学诞生的年份。但当时既没有大张旗鼓的宣传，也没有盛大的新闻发布会，只有一篇湮没在天文台简报中的谨慎的学术论文。又经过多年的艰苦观测，斯里弗的工作才引起他人的注意。这个人就是埃德温·哈勃，一名出身律师的天文学家，手上的烟斗几乎片刻不离身。1924年，哈勃利用位于加利福尼亚州威尔逊山的100英寸望远镜①，通过观测单颗恒星来测量仙女座大星云与地球之间的距离，证明了它实际上是类似于银河系的完整星系。紧接着，哈勃又估算了另外23个星系的距离。之后，他把这些观测结果与斯里弗对红移的测量结果结合起来，捕捉到有关星系的一些系统性特征：星系距离我们越远，它发出的光就越红，退行的速度也越快，其中似乎存在着正相关关系。对这些特征最简单的解释是，宇宙在上百亿年的时间尺度上逐渐膨胀，变得越来越大。哈勃于1924年11月23日在《纽约时报》

---

① 也就是著名的"胡克望远镜"，它是当时世界上最大的望远镜。——译者注

上向世人发布了他的研究成果。毫无疑问，这是20世纪最重要的发现之一。很快，这位叼着烟斗的天文学家就博得满堂彩，而维斯托·斯里弗则成为膨胀宇宙模型发展历程中的无名英雄。

当人们意识到宇宙不只是由一大堆发光天体组成的，而是一个随时间演化的动态系统时，一系列有关其发展历程的问题便接踵而来。这个系统从何而来，又将走向何方？宇宙膨胀速率是由什么决定的，会随时间变化吗？宇宙发端于何时，会永远存在下去吗？

有关宇宙膨胀模型的两条推论很快便浮出水面。第一，如果现在的宇宙正在逐渐变大，那么它以前一定比现在小，而密度比现在大。第二，引力作为一种无处不在的吸引力，应当会在宇宙膨胀的过程中起到制动作用，星系之间的牵引也会降低它们的退行速度，所以宇宙过去的膨胀速率一定比现在快。哈勃的观测范围不够广，精确度也不够高，以至于无法判断数百万年间宇宙膨胀速率是否发生过变化。然而，从理论上讲，引力的制动效应很容易研究。早在1921年，俄罗斯天文学家亚历山大·弗里德曼就精确地计算出宇宙膨胀速率减慢的规律，但他的研究基本上被忽视了。天文学家似乎对这个科学史上影响最深远的发现之一漠不关心，由于这些早期的研究结果具有明显的不确定性，没有任何一位顶尖科学家愿意冒险尝试阐述这一概念。最终，一位比利时的年轻牧师、理论物理学家阿贝·乔治·勒梅特于1927年明确提出，我们现在的可观测宇宙一定是从百亿年前的"宇宙蛋"演化来的，这种状态的宇宙密度极高，其膨胀极具爆发力。这就是现代"大爆炸"理论的前身。

哈勃战争

宇宙膨胀速率可以用一个数字来表示，即广为人知的哈勃常数（记作 H）。哈勃将 H 的值设定为500（在天文学家常用的独特单位系统中，这个数值意味着距离我们约326万光年的星系正在以每秒500千米的速度退行）。有了给定的 H 值，再把引力对抗膨胀的效应考虑进来，我们就可以计算出宇宙的年龄。哈勃最初给定的 H 值表明宇宙的年龄只有20亿年左右——还不到地球年龄的一半！于是，天文学家改进了计算方式，重新估算 H 值，将宇宙的年龄不断往前追溯。但是，这些天文学家分成了两个敌对的派别：其中一派宣称 H 值为180，另一派则宣称 H 值是55。他们运用的计算方法一样，而且双方都坚称自己的测量误差很小。直到20世纪80年代，来自哈勃空间望远镜的观测数据才平息了双方的对抗。最终测定的 H 值是73（很好地平衡了两派的结论），我们可以据此估算出宇宙的年龄大约是138亿年。但是，最近又出现了一个与之不同的新结果。利用宇宙微波背景（CMB）的数据计算出的 H 值只有

67，这意味着宇宙的年龄超过140亿年。这是否表明我们对宇宙学的基本理解存在严重的错误？时间终将告诉我们答案。

你也许会以为，意义如此深远的发现在当时的科学界一定引起了不小的轰动，更不用说在神学界了。但事实上，大家对此仍然保持沉默。哈勃对勒梅特的结论持怀疑态度，当时世界上最权威的引力理论和宇宙学理论专家阿尔伯特·爱因斯坦也不屑一顾。"你的计算是正确的，"他对勒梅特说，"但你对物理学的了解真是糟糕透顶。"弗里德曼早期的理论成果同样被爱因斯坦搁置一旁，直到1931年爱因斯坦去加利福尼亚州拜访哈勃，他才终于承认宇宙正在膨胀。此后，他的态度发生了彻底的改变，转而支持勒梅特的研究成果。不过，在20世纪30年代，有关宇宙起源的推测从未被认真对待过，那时宇宙学甚至不是一门公认的学科。

令人欣慰的是，弗里德曼和勒梅特的理论研究并未被遗忘，尽管从苏联移居美国的乔治·伽莫夫重新捡起这些理论已经是20年后的事情了。伽莫夫不是天文学家，而是一名核物理学家，被称为α衰变的放射性过程就是由他阐释清楚的。伽莫夫推断，高度压缩的年轻宇宙温度一定非常高，甚至足以发生核反应，因此它应该会像火炉一样发光。这带来了一种奇妙的可能性：原始宇宙留下的余温是否至今仍在宇宙中弥漫，从而形成了宇宙微波背景？

大爆炸真的发生过吗？

并不是所有天文学家都能接受宇宙膨胀和大爆炸起源之间的联系。讽刺的是，"大爆炸"这个广为人知的名称最初是由对这种想法不屑一顾的英国天文学家弗雷德·霍伊尔于1949年创造的。霍伊尔认为勒梅特的大爆炸宇宙论是无稽之谈，他对哈勃的观测结果做出了一种完全不同的解释，并称之为"稳恒态"理论。其基本思想是，随着宇宙的膨胀和星系的分离，新的物质不断产生，逐渐聚集成新的星系来填补不断扩大的空隙。其结果是，在相当大的尺度上，宇宙看起来将一成不变——由不断补充能量的过程维持的新旧星系的混合体。换句话说，宇宙既没有开端，也不会终结，更没有炙热、稠密的原始形态。

霍伊尔极力捍卫自己的理论，并聚集了一帮忠实的支持者。稳恒态理论和大爆炸宇宙论之间的激烈斗争持续了大约20年，直到宇宙微波背景的发现给了稳恒态理论致命一击。稳恒态理论无法合理地解释宇宙微波背景的存在，它的支持者迅速减少。

就在这一关键时刻，我恰好前往剑桥大学工作，并有幸与霍伊尔共事。这位天文学家以他的科学研究闻名于世，他的科幻小说也备受追捧。他似乎是把大爆炸当作宇宙演化过程中的一个小插曲，而不是宇宙诞生的确切起点；他如同性格古怪的苦行僧，孤独地寻找能够拯救稳恒态理论的方法。他摒弃了物质粒子在遍布整个空间的"夸克–胶子汤"中不断产生的想法，转而支持存在某种集中的"粒子生产中心"的观点。20世纪60年代，有人发现了被称为类星体的致密天体，这种天体会释放出大量的高能物质。霍伊尔认为，这些能量源就像水龙头一样，不断地向宇宙中注入新的物质。最终，霍伊尔本人也放弃了稳恒态理论中的一些基本概念，并于1972年辞去了在剑桥大学的职务，隐居在坎布里亚郡的一个偏僻的山林小屋中。他整日在那里奔走，喋喋不休地抨击着各大科研机构。

事实证明，伽莫夫的研究方向是正确的。1964年，两名在新泽西州贝尔实验室从事卫星通信工作的科学家，偶然间发现了弥漫于整个宇宙的余温——比绝对零度①高出约2.7开氏度。一开始这种挥之不去的嘶嘶声总是出现在接收器（参见图4）中，让他们不胜其扰。为此，他们排除了设备上每种可能的缺陷，甚至清理了天线上的鸽子粪便，但都收效甚微。所以，剩下的唯一解释是，这种嘶嘶声来自宇宙，它是大爆炸曾经发生过的确凿证据。

一夕之间，宇宙学跻身科学界的主流学科，并吸引了物理学和数学领域中最聪明的头脑，比如罗杰·彭罗斯和斯蒂

---

① 绝对零度是0开氏度，约为–273.15摄氏度。——编者注

图 4 第一架通过微波探测到宇宙诞生时发出的嘶嘶声的天线

芬·霍金。大爆炸宇宙论探讨的宇宙起源问题终于得到了科学家的重视，成为各方论辩的焦点。天文学家开始呼吁对宇宙微波背景进行更细致的观测，他们认为宇宙微波背景包含了有关早期宇宙的关键线索。由于地球大气会吸收微波，若想更清楚地观测宇宙微波背景，就需要发射人造卫星。1989年，美国国家航空航天局（NASA）发射了宇宙背景探测器，宇宙学黄金时代的帷幕就此拉开。

5.

宇宙的中心在哪里？

宇宙正在膨胀的说法并没有错，但这意味着什么呢？它会膨胀成什么样？膨胀的起点又在哪里？当我刚开始认识到周围的星系都在飞速远离我们时，我直觉上认为地球一定离宇宙的"归零地"（宇宙大爆炸的中心点）很近，但我也知道把地球当作宇宙中心是不太理智的想法。

想要正确理解宇宙膨胀的本质，你必须以一种完全不同的方式去思考。忘掉那些科普动画营造的宇宙大爆炸场景：一个发光的团块突然爆炸，无数的碎片被抛到周围的空间中去。就我们目前掌握的情况来看，宇宙根本没有中心，"地球离宇宙中心很近"的印象不过是一种错觉。事实上，所有星系都在远离除自身以外的其他星系。[①]从任意星系的视角观察到的情况都大致相同，因此我们所处的位置并不特殊。

我在这里做一个粗略的类比：假设我们在旁观一堂舞蹈课，学生们手拉着手围成圈，正在听老师给他们讲解舞步。现在，老师让所有学生都往后退5步，这个圈就变大了，所有学生彼此之间的距离也更远了，没有谁是特殊的个体，在任意一人看来都是一样的情况——其他人都在远离自己。当然，星系并没有围成圈，但这种思考方式同样有效。

对我们来说最好的做法其实是，不要想象空间中的星系在移动，而要想象星系之间的空间在膨胀。这样的想象有助于我们理解，而且空间确实在变大（在可观测宇宙中，每天都会多出10^{20}立方光年这么大的空间）。对你来说，可能一时之间无法接受真空（虚空）居然能伸展或膨胀的情况，但事实的确如此，科学家已经证实空间具有弹性。事实上，空间不仅可以伸展，还可以弯曲、扭转和振动。宇宙膨胀就是在星系之间"增加空间"，其结果是星系相互之间的距离越来越远。这些新的空间无须"来自什么地方"，或者扩展成什么样子，它们就是

---

① 或者更准确地说，是星系团在相互远离。星系会在星系团内部四处移动，偶尔也会发生一些碰撞。仙女座大星云就是本星系群的一分子，它正在以每秒110千米的速度朝我们飞来（因此它的光呈现为蓝移，这是由无名英雄维斯托·斯里弗最先测得的），最终会撞向银河系。不过这种可怕的碰撞至少要到几十亿年后才会发生，即使真的发生了，也不太可能导致恒星与恒星之间的直接碰撞。

本来的空间。

有了这些新的认识，我们就可以重新面对"大爆炸是在哪里发生的？"之类的问题了。答案是：宇宙中的每个角落。被我们视为大爆炸余辉的宇宙微波背景没有中心点，它并不是由空间中的某个点辐射产生的。整个宇宙都充斥着微波，我们仿佛身处巨大的烤箱之中。观测宇宙微波背景的过程，就是从天空中的每个角落探究宇宙是如何诞生的。

想象空间的伸展对我们理解红移也大有裨益。来自遥远星系的光波必须穿过不断膨胀的空间才能到达地球，在空间伸展的同时，经过其中的光波也一同被拉伸，导致波长增加、频率减小——蓝色光就这样变成了红色光。对那些最古老的可观测星系而言，当它们发出的光到达地球的时候，波长已经被拉长到原来的11倍。

我们在宇宙中观测的天体距离地球越远，其红移效应就越显著。伸展系数（在地球上观测到的波长与原波长之比）随距离增加而增长，光的波长会远远超出可见光的范围，进入红外光波、微波、无线电波的范围。简言之，距离越远，波长越长，没有上限。从理论上讲，在某一临界距离上的伸展系数会增加到无穷大。在一个简单模型中，这个距离对应的是大爆炸以来光能传播的最远距离。显然，我们无法看到比这更远的东西，因为在宇宙形成初期发出的光没有足够长的时间来到达地球。因此，空间中存在着一个视界（光视界），它限制了我们的视野。光是宇宙中速度最快的东西，所以我们无法获知在视界之外有什么东西，无论多么强大的测量仪器都无法做到这一点。但是，就像地球的地平线并不是我们所在世界的边界一样，宇宙的视界也不是"宇宙的边界"。可以说，根本就没有边界这回事，视界只是宇宙可见区域的界限。宇宙的空间很可能是无限延伸的，如果宇宙的时间是有限的，就会有我们看不到的地方。值得一提的是，大爆炸的炽热余温覆盖的范围就是视界内的空间，来自那时的宇宙微波背景的红移伸展系数大约是1 000。

最后一个问题是：如果有一个星系距离我们120亿光年，那么我们看到的是它120亿年前的位置，它现在在哪里？由于宇宙正在膨胀，这个星系和我们之间的距离可能已经拉大了几百亿光年。比如，视界现在距离地球大约470亿光年。重要的是，我们要知道望远镜并不能给我们提供当今宇宙的快照，而是将一系列图像按照历史时间的顺序串联在一起形成总集。这很像把一部电影中的某几帧切分出来，然后将它们按照一定的顺序整合在一起，我们在观测时就会一次性看到所有场景的叠加。

6.

为什么说宇宙和你我一样平凡？

　　我十几岁的时候曾在一个公共图书馆中随手拿起一本小书翻阅，作者声称书里写有能描述整个宇宙的方程式。当时的我对此深表怀疑：宇宙之雄伟壮阔岂是几行数学公式就能概括的？怎么可能这么简单？这本小书就是丹尼斯·夏默[①]的《宇宙的统一性》（*The Unity of the Universe*），它给我留下了深刻的印象。它的书名说明了一切：在最大的尺度上存在着相干性和统一性，使得我们仅用三四个方程式就可以把宇宙的基本要素

[①] 丹尼斯·夏默（Dennis Sciama），英国宇宙学家，剑桥大学天体物理学教授，现代宇宙学奠基人之一。他本人虽然知名度一般，但他教导出多位大名鼎鼎的学生，包括斯蒂芬·霍金、马丁·里斯、戴维·多伊奇等。——译者注

描述清楚。

为什么我说宇宙是平凡的呢？它难道不是我们能想到的最复杂的东西吗？事实上，这句话既对也不对。如果你试图对宇宙中的每个个体进行细致的描述，那当然会复杂得不可思议。但就像在叙述越南战争这段历史的时候不用具体到每个士兵的经历一样，我们也可以略过具体的细节去确定宇宙历史的大致走向。然而，如果我们没能掌握一些非常具体的特性，哪怕是上述这种笼统的描述也难以做到。

关于宇宙的特性，其中最重要的一条就是自然的统一性。依据我们目前掌握的情况，宇宙中极远处的物体遵循的物理定律和我们身边的物体遵循的物理定律完全相同。为什么会这样？没人知道答案，这甚至可能不算一个特别恰当的科学问题。但这个特性非常关键，只有基于这一点，我们才能大胆地将宇宙作为一个独立的对象进行讨论，并将这一系统作为整体构建叙事。如果物理定律因地制宜或因时而异，就无法这么做了。

不仅如此，即使存在普适性物理定律，宇宙中所有事物的排布也有无数种可能性。想象一下，有一支管弦乐队计划在音乐会上演奏贝多芬的《第五交响曲》（《命运交响曲》）。尽管管弦乐队由多位演奏者组成，但我们将整支乐队视为这场音乐会的演出者是更恰当的做法。只要编排得当，他们就能演奏出和谐的乐曲。相反，如果每位演奏者都罔顾乐队的安排而演奏不同的乐谱,其结果将是刺耳之极的噪声。在这种情况下,我们讨论这支管弦乐队演奏的是什么乐曲就毫无意义了,甚至"管弦乐队"这个称呼也毫无意义,不过是一群独立的演奏者凑在一起罢了。

宇宙的特性之二是,它基于某种有条理的编排方式而存在,就像管弦乐队一样,有编曲、和弦和组织协调,而不是每个复杂的组成部分各自独立运转。最能体现这一点的是,我们观测到宇宙中任意一点的膨胀速率都相同。此外,在每个方向上大小相同的天区中,星系的数量都相等,宇宙微波背景的温度也一样。显然,宇宙大爆炸是一场非常有序的"爆炸"。这跟地球上的爆炸形成了鲜明对比:如果泄漏的煤气导致一栋房子发生爆炸,其结果必然是一场可怕的大灾难。

高温是宇宙的第三条特性。民间流传着这样的故事:亚历山大图书馆于公元前48年被大火焚毁,这是人类文明遭受的最大灾难之一。无价的知识在熊熊烈火中化为乌有,这悲剧性地证实了高温的强大破坏力。一般来说,火烧得越旺,其消耗的能量就越多。现代的焚化炉可以分解最稳定的化学物质,太阳内部更是炽热到连原子都无法存在——它们被分解成原子核和电子。大爆炸的温度更高,在其发生之后的一秒钟,宇宙的温度大约是100亿开氏度;在大爆炸发生之后的千分之一秒,宇宙的温度大约是10万亿开氏度;在大爆炸发生之后的万亿分之一秒,宇宙的温度高达10^{20}开氏度。

　　"热=简单",这是宇宙学家能够如此自信地谈论早期宇宙的原因之一。事实上,借助几个运用了基本代数和微积分知识的简单方程,就能准确地描述原始宇宙中发生的大部分事情。在一个新生的宇宙中,所有的东西都混合在一起,并分解成一些基本成分。从理论上讲,这比描述地球要容易得多。

7.

为什么我们感觉不到地球在转动？

很多人害怕坐飞机，尤其在起飞时会感到很紧张。而我面临的问题与他们不尽相同：我的压力来源于担心错过航班，哪怕及时上了飞机，我也会在临近起飞时因紧张过度而陷入沉睡，半小时后醒来的我常常搞不清楚飞机是仍然停在跑道上还是已经在飞往洛杉矶的途中。

关键问题是，我们无法在飞机内部判断飞机是否在移动。当然，如果飞机正处于爬升或下降阶段，就很容易感觉出来；但当它在空中平稳地飞行时，这种运动是很难被察觉出来的。伽利略是第一个明确提出这一问题的人，并指出只能在有参照物的情况下对均匀的速度进行测量。例如，汽车仪表盘上显示的速度是汽车相对于道路的运动速度，飞机的速度是它相对于地面或空气的运动速度。

虽然物理学家很早以前就已经确定匀速运动只是相对的，但仍有一些人想知道，当地球绕太阳公转并随之在银河系中运动时，其速度有多快。我们感觉不到这种运动，但我们的确在空间中穿行，这意味着如果以我们自身为参照物，空间正在不断地穿过我们的身体，我们却意识不到这一点。那么，空间的运动速度是多少呢？每秒有多少升空间在我们毫无察觉的情况下穿过了我们的身体？在伽利略指出参照物的问题之后，人们认识到似乎没有任何物质设备能对空间的匀速运动进行测量，我们甚至无法将手伸入周遭的虚空去探测空间掠过时的"气流"。那么，有没有什么非物质的测量方法呢？

19世纪末，一种新的可能性出现了：也许我们可以借助光来测量地球在空间中的运动速度？当时的物理学家想象空间中充满了一种幽灵般的果冻状物质，并称之为"以太"，他们把光波看作以太中以特定速度（光速）传播的振动。物理学家发明了各式各样的光学仪器，试图测量地球在以太中的运动速度。经过几年的努力，他们得出的结果竟然是0。这一结果表明，地球在空间（以太）中根本就没有移动！这显然是讲不通的。伽利略的匀速运动相对性原理和光以固定速度传播的理论之间存在着明显的矛盾，必须有人站出来对空间、时间和运动的本质以及光的性质重新进行评估。爱因斯坦接受了这个挑战，并在1905年发表了他的第一篇有关相对论的著名论文后声名鹊起。爱因斯坦驳斥了以太的概念，宣称光速恒定不变，但测量光速的观察者处于运动之中。与此同时，他重申了伽利略的立场，认定匀速运动总是相对于其他物体而言的。他指出，探究物体相对于空间的运动速度非但是不可能完成的任务，而且毫无意义。

这一切都很顺利，但对非匀速运动（存在加速度的运动）而言，情况又如何呢？我们可以毫不费力地测量这种运动，比如，如果我的咖啡因为飞机遇上气流而泼洒出来，我无须看向舷窗外就能感知到飞机在空中的匀速运动受到了干扰。加速度就是速度的变化，我们可以感知到它的发生。如果你在开车的时候猛踩刹车，你的身体就会向前倾斜；如果你猛拉一把方向盘，你的身体就会狼狈地撞在车门上。这两个都是加速度的例证，前者是速率的改变，后者则是方向的改变。

以固定不变的速度旋转也会产生加速度，牛顿举过一个相关的例子：水在一个旋转的桶中会形成旋涡，中间低、四周高。我们通常将这个现象归因于离心力。要回答"水桶是否在旋转？"的问题，只需观察水面是否平静就能立刻得到答案，而无须确认它是否存在相对于地面的运动。这个例子让牛顿想到，转动和加速运动并不需要以其他物质系统为参照物就能进行测量，这些运动是绝对的。一言以蔽之，加速度是相对于绝对空间（absolute space）本身的。

但并非人人都同意他的观点，直到20世纪还有一些科学家认为，哪怕是转动，我们也必须将其理解为相对运动。那么，参照物是什么呢？以前的物理学家常会说是相对于"固定的恒星"。然而，恒星并不是永恒不变的，它们只是距离我们太远了，以至于我们忽略了它们的运动。也许更好的说法是：转动是相对于宇宙中的遥远天体而言的。为了更好地理解这句话，你可以想象自己正闭着眼睛坐在游乐场的大摆锤上，并随之以非常快的速度转着圈。现在睁开眼睛向上看，你会看到什么？你看见了旋转的恒星。当恒星停止旋转的时候，你就会知道这趟大摆锤冒险之旅终于结束了，赶紧解开安全带下来吧！

　　这种日常生活中的体验让一些人将遥远的恒星视为加速度的体验感的来源，其中最著名的就是奥地利工程师、哲学家恩斯特·马赫。没错，那个用于描述飞机速度的单位就是以他的名字命名的。马赫说，你之所以会在游乐场的旋转座椅上感觉到自己被拉向座椅的边缘，或在电梯突然下降时感觉到胃里翻江倒海，都是因为恒星在牵拉着你。这是一个令人入迷的理论，现在我们称之为马赫原理。很多人都对它十分追捧，其中就包括爱因斯坦，他认为并非只有匀速运动是相对的，所有运动都是相对的。爱因斯坦希望能将马赫原理融入他的广义相对论，他认为所有遥远的恒星和星系的作用加在一起会在局部产生可探测的效应，离心力就是其中一种。

有史以来最美的理论

广义相对论被誉为人类智力的最高成就,它既是一个科学理论,也是一件精美绝伦的艺术品。它用一系列方程巧妙地将空间、时间、物质和力结合在一起。与许多自下而上的物理理论不同,广义相对论源于一些极为宏大的原理,比如,所有物理性质必须从用于描述它们的指标中独立出来。物体的几何结构是由空间中物质和能量的排列方式决定的。牛顿提出的引力并不是一种具体的东西,真实存在的只有不断演化、永不停歇的几何结构,物质在其中翻腾,光穿行其间。牛顿的稍显呆板的"绝对虚空"(immutable void)概念被空间的概念取代:空间是一种充满活力的动态实体,它可以伸展、收缩、扭转、弯曲、脉动和震颤,并且会以振动的形式将能量传递的波动以光速向全宇宙传播。广义相对论到目前为止是无懈可击的,即使在爱因斯坦创建这一杰出理论100年后的今天,也没有出现任何与之相矛盾的观测结果。

很遗憾,这项工作最终没有成功。爱因斯坦的广义相对论预测,如果一颗行星在真空中自转,即便我们不参照任何"固定的恒星"来测量它的运动,它的赤道也会像地球一样因自转而隆起。爱因斯坦的理论是截至目前对引力最确切的描述,在转动的问题上,它证实了牛顿的观点,即转动是绝对的而不是相对的。虽然我们无法就空间的速度进行有意义的讨论，但讨论真空中物体的加速度仍然是有价值的。

　　然而，这还不是这个问题的全貌。一些物理学家和宇宙学家正在尝试修补马赫原理的一些更微妙的方程式，这一难题目前尚未解决。事实上，我的许多同事有时会像牛顿那样将空间想象成某种东西，有时又会将空间视为一片虚无。马赫原理的魅力在于，它将人类的日常生活（比如跟随大摆锤体验旋转的感觉）和宇宙的结构联系在一起。诗人弗朗西斯·汤普森用诗句赞颂了这种美好的关联：

> 万物神创，
> 或近或远；
> 朦胧神秘，
> 彼此相连；
> 一花既拈，
> 万星睽闪。

8.

宇宙空间是什么形状的？

　　有些旅馆房间的门上会装有小的鱼眼透镜，如果有人来敲门，你就能从这个小孔里看到一张鼻子大、耳朵小的脸。游乐场的哈哈镜也会产生类似的效果，你能在镜中看到自己滑稽的样子。这种小把戏是通过形状奇特的透镜和镜子实现的，但事实上引力也能做到这一点。换句话说，引力确实能够扭曲空间。

　　1919年，英国天文学家阿瑟·爱丁顿爵士带领一支探险队前往西非研究日食，这是人类首次观测到空间扭曲现象。由于太阳会在黄道十二宫附近的恒星背景下移动，占星学家出于计算星象的需求，会对太阳的运动轨迹保持密切关注。太阳有时会与天空中某些恒星的位置重叠，这恰好是天文学家感兴趣的情况。爱丁顿想知道，太阳引力究竟会对这些位置与其重叠的恒星发出的光产生怎样的影响。但问题在于，我们白天看不到恒星[①]，除非发生日全食。在月球遮住太阳的短短几分钟里，天空骤然变暗，恒星也变得清晰可见。在太阳没有与任何恒星的位置发生重叠的情况下，天文学家对于全天任意一颗恒星的位置都了如指掌，爱丁顿的观测计划是，将那些靠近太阳的恒星原本的位置与它们在日食期间的位置进行比较，看看是否发生了变化。观测结果是，这些恒星的位置确实发生了变化（参见图5），太阳似乎变成了一个巨大的鱼眼透镜。

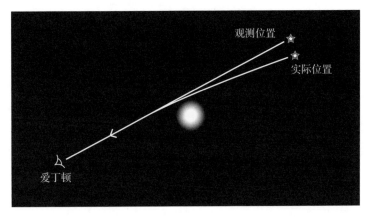

图5　光线的弯曲。日食期间，在太阳附近的天空中可以看到恒星。爱因斯坦曾预测，由太阳引发的空间扭曲会使恒星的位置发生轻微的改变，爱丁顿于1919年证实了这一点。当恒星发出的光靠近太阳时，与其说这束光是弯曲的，不如把它的光路看作通过扭曲空间的最短、最直的路径

---

① 事实上，这里的说法并不准确。即使在白天，一些亮度等级较高的恒星也是能观测到的。当然，由于太阳的亮度极高，我们白天确实无法观测到其附近的恒星。——译者注

　　1915年，爱因斯坦曾用他的广义相对论预测太阳的引力会扭曲空间，并改变恒星的观测位置。引力会使"星光弯曲"的想法激发了公众的想象力，爱丁顿最终证实了这一预测并让爱因斯坦名声大噪。奇怪的是，爱因斯坦本人却泰然自若，因为他一直坚信广义相对论是正确的。他的一名助手问过他，如果爱丁顿得出的观测结果与广义相对论相悖怎么办？他回答道："那我可能会为上帝感到难过。无论如何，这个理论是正确的。"从爱丁顿富有开创性的工作开始，引力透镜这一研究领域已经发展成天文学的一个分支。在一个星系吞噬另一个星系的过程中会发生程度非常大的空间扭曲，有时还会产生一个圆形光环（参见图6）。黑洞会产生巨大的空间扭曲，并使周围的光源形成非常壮观的景象。

　　爱因斯坦很早就意识到，空间的扭曲和弯曲不仅会出现在大质量天体周围，还会影响整个宇宙的形状。1917年，他提出了对整个宇宙的几何结构的看法。这发生在他去拜访哈勃之前，那时的他认为宇宙是静止的。于是，他遇到了跟250年前的牛顿同样的难题：为什么宇宙没有因为其自身的巨大质量而坍缩？

　　与牛顿不同的是，爱因斯坦运用了一种全新的引力理论来解决这个问题。也许广义相对论能提供一种防止宇宙坍缩的方式？他很快就找到了答案，但这需要在他那个价值连城的引力场方程中添加一个常数项。爱因斯坦很不情愿这样做，因为他

图 6　引力透镜。由于引力透镜的存在，前景星系形成了一个光环，这使得它们看起来好似更远的天体

觉得这个添加项是凭空捏造出来的，会让原本的方程变得不再优雅、简洁。但它似乎真的奏效了，这个经验系数描述了一种全新的排斥力（或者反引力）。这种力相当古怪，它会随着距离增加而变强，正常的引力则是随着距离增加而减弱。爱因斯坦决定接纳这种新的力以平衡宇宙中所有物质的引力，达到静态宇宙的结果。

爱因斯坦静态宇宙模型的形状是它的显著特征之一：空间向内弯曲并闭合形成有限的体积，但不存在边界或界限。为了理解这种说法，我们举个例子。一束光在经过太阳附近时会发生偏转，之后它会靠近另外一颗恒星并继续发生偏转，以此类推，最终这束光会不会形成一个闭合的环状光路呢？爱因斯坦静态宇宙模型回答了这个问题：整个宇宙可以将每个方向上的光都变成一个光环。如果你拥有一台口径足够大的望远镜，你在用它观测夜空时可能会看到自己的后脑勺！

引力波

想象一下，太阳在正午时分突然消失了。直到12:08我们发现天空中的太阳不见了，我们才会知道发生了什么。不过，根据牛顿的引力理论，地球的运行轨迹从正午时分开始变得不再弯曲。在我们还未发现太阳消失的时候，地球已经先我们一步感知到此事。但根据爱因斯坦的理论，没有什么东西能比光的速度更快，包括引力的变化。如果太阳突然消失，由此产生的引力扰动向外传播的速度就是有限的。1918年，爱因斯坦预测这种源于引力的空间涟漪的确存在，并以光速传播。宇宙中的某些大事件会产生引力波，比如两个黑洞发生碰撞（参见图7）。在爱因斯坦预言引力波的一个世纪后，科学家凭借精心布置的激光束①捕捉到了由黑洞合并引起的微小空间振动。我们现在将这些灵敏度极高的系统用作引力波望远镜，它们为我们研究宇宙开辟了一条全新的道路，让我们能更细致地研究那些最剧烈的宇宙事件。

我们很难描绘一个闭合的三维空间，但二维空间很好想象，比如地球的球面就是有限而无界的形状。爱因斯坦静态宇宙模型与之类似，只不过增加了一个维度，形成了一种三维形状，我们称之为超球面。虽然这很难构思，但莫里茨·科内利斯·埃舍尔试图在他那些令人费解的木版画中，运用极具美学冲击力的方式描绘弯曲空间的形状。不过，无论你能否想象出这种形状，超球面都是有意义的，我们可以用数学来描述它。经常有人问，超球面的"外面"是什么。答案是什么都没有，因为它根本没有"外面"的概念。所有观测者都位于空间本身之中，讨论任何将超球面"容纳"其中的更大空间的相关话题

---

① 指激光干涉引力波天文台（Laser Interferometer Gravitational Wave Observatory，简写为LIGO）。——译者注

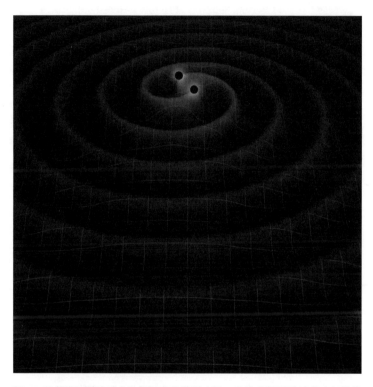

图 7 两个黑洞围绕对方旋转时产生的引力波。这些空间涟漪以光速向外传播，科学家已经用灵敏度极高的激光设备探测到了引力波

都毫无意义。

倘若真如前文所述，空间是闭合的，难道我们注意不到吗？事实上，只要空间足够大，我们就无法察觉到这一点。爱因斯坦利用广义相对论估算宇宙的体积，其结果完全取决于物质的数量：物质越多，引力就越强，宇宙也越小。根据天文学家估计的平均物质密度，爱因斯坦计算出静态闭合宇宙的体积至少为 10^{21} 立方光年。

尽管爱因斯坦静态宇宙模型十分引人入胜，但它很快就失效了。在短短几年时间里，天文学家就确证了宇宙正在膨胀的事实；爱因斯坦又花了好几年的时间，才不情不愿地承认了这一点。关键问题在于，爱因斯坦试图在他的方程式中体现的静态平衡实际上是不稳定的，就像牛顿提出的无限宇宙一样，我们会因此再度陷入让无数根针立起来的困境。如果爱因斯坦认同这样的结论，他肯定会做出宇宙不可能是静态的预测，转而认为宇宙必然会发生坍缩或膨胀。在他最终接受了宇宙膨胀的事实之后，他非常懊恼地去掉了那个凭空捏造的常数项，并将其视为自己"一生中最大的错误"。不过，我们现在知道爱因斯坦的做法实际上是双重讽刺：几十年后，天文学家发现爱因斯坦提出的经验系数依然有效，只是它的应用场景发生了一些变化。

虽然爱因斯坦是基于错误的认知提出了静态宇宙模型，但超球面的概念同样适用于膨胀宇宙模型。除此之外，我们还需要考虑负曲率的可能性,即空间"向外"弯曲而不是"向内"弯曲(参见图8)。根据广义相对论,膨胀空间的形状取决于物质的数量:密度较大的宇宙具有正向弯曲(向内)的空间,密度较小的宇宙则具有负向弯曲(向外)的空间。还有一种介于这两种形状之间的曲率为零的空间,它的几何规则和你在课堂上学到的标准几何规则一致——如果宇宙的密度处于临界值(相当于每立方米6个氢原子左右),就会产生这样的结果。综上所述,宇宙空间的形状有三种可能性。

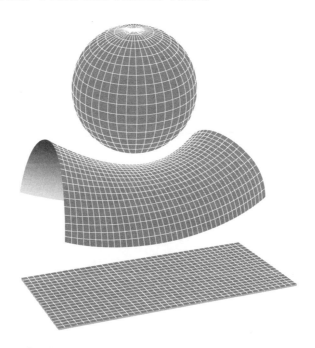

图8 二维化的宇宙空间曲率。上面是爱因斯坦的超球面空间,中间是平坦的空间,下面是负曲率空间

　　几十年来，包括哈勃在内的天文学家都在试图测量宇宙空间的形状究竟是上述三种可能性中的哪一种。从理论上讲这不难做到，你只需估算出随着距离的增加，星系的数量会发生怎样的变化。如果宇宙空间曲率为零，那么星系数量应该与距离的三次方成正比；如果空间是弯曲的，这一数量关系就会改变。不过，通过观测来解决这个问题并不容易，我们在实践中往往通过测量宇宙微波背景来估算空间曲率，其结果为零，属于一种比较特殊的中间情况。宇宙学家通常将这一结果表述为：宇宙空间是"平坦"的。这并不是说宇宙就像一块大饼一样，而是说宇宙空间的形状遵循的几何规则和欧几里得在2 000年前提出的几何规则一样，即你在白板或白纸上感受到的几何规则，而不是适用于地球曲面等的几何规则。

　　我们现在面临着一个更大的问题：为什么？

9.
思考一下，什么是宇宙级的大补丁？

一名训练有素的狙击手可以从 1 000 米之外的地方命中目标，但我们中的大多数人在这个距离上都只会乱射一气，几乎不可能打中目标。物理定律对我们而言都是相同的，只是狙击手的枪法更准。想要射中 1 000 米外的靶心需要极高的准确度和日复一日的艰苦训练，但想要击中 1 000 光年之外的靶心无异于痴人说梦。然而，宇宙似乎从一开始就建立在如此高的准确度之上。何以见得？我会试着举例说明这一点。如果大爆炸的规模很小，宇宙很快就会在所有物质的质量之下不堪重负，迅速坍缩。大爆炸的规模越大，宇宙在坍缩之前就能支撑得越久。若要产生一个可持续存在 100 多亿年的宇宙，考虑到宇宙中所有物质的引力，大爆炸必须有足够大的规模。根据广义相对论，空间的平坦性恰好对应于现在的宇宙所需的大爆炸规模，但故事还没完。早期宇宙的余辉在大爆炸发生后大约38万年时来到我们身边，当时的光沿任意方向传播的距离都不超过38万光年，在138亿年后的我们看来，这些光只覆盖了1度左右的天区。但整个天空中的宇宙微波背景都是均匀的，即使是宇宙的两端也具有同样的温度。如果没有任何物理过程能传播得比光还快，为什么这些似乎从未相互接触过或影响过的区域会有一样的温度呢？根本没有足够的时间可以让热量在这些区域之间传导，并达到相同的温度。这又给我们带来了一个"立针难题"：为了达成这一结果，大爆炸的初始条件必须由一位伟大的"宇宙神射手"进行细致入微的妥善安排。这似乎只是在以一种打补丁的方式解决问题。

出于审慎的本能，科学界长期以来都对"宇宙神射手"或其他形式的修补匠持怀疑态度，他们也一直在寻找某种物理机制来解释这种看似在很大程度上受人为因素影响的过程。20世纪70年代，宇宙学家从厨房中找到了灵感。如果你一下子把热水倒在一堆肉汁粉①上，就会产生一团有结块且不均匀的糊糊。但如果你慢慢地一边兑水一边搅拌，肉糊就会在摩擦力的作用下变得均匀。或许宇宙在大爆炸之后也是一团糊糊，并通过摩擦力使自身逐渐变得均匀？然而，进一步的计算结果表

---

① 肉汁粉：一种用动物脂肪和淀粉制成的食物，兑水之后用于调味，性状与葛根粉类似。——译者注

明，摩擦力或许有所帮助，但作用不大。"宇宙汤匙"的大小和搅拌速率都不足以胜任这项工作。

20世纪70年代的情况差不多就是这样了，直到1980年出现了一个全新的理论。假设大爆炸之初宇宙空间中确实是一团乱麻，但宇宙的大小在一瞬间突然大幅增长，就像它突然深吸了一口气一样。结果是，宇宙中所有不平整的地方都迅速地铺平了，就像给气球充气可以消除其表面的所有褶皱一样，根本用不着搅拌。为了将这种爆发性增长与平平无奇的膨胀区分开来，我们称其为暴胀。只要暴胀的时间足够长，空间就会变得足够平整，仿若气球表面的曲率会随着体积增大而减小。

暴胀理论能解释清楚很多问题，它很快就成为宇宙学家共同遵循的研究路线并延续至今，但它并非毫无瑕疵。其中最主要的问题是，如此疯狂的暴胀是由什么引起的？我们可以将其解释为巨大的反引力冲击，就像爱因斯坦提出的经验系数一样，但暴胀的作用比其强大得多也短暂得多，它是一个持续时间非常短的过程。宇宙学家引入了"暴胀场"的概念来尝试解释这个问题，但没人能确定它是什么。这个概念已经超出了当下物理学的范畴，因此它现在只是一个虚构的答案。

还有一个亟待解答的"离出问题"。暴胀这种失控的加速膨胀为何会突然减速，并演变为传统大爆炸理论所揭示的图景？这脚刹车是谁踩下的？暴胀理论认为，暴胀场中的能量会以热量的形式释放到宇宙中，也就是我们今天在宇宙微波背景中看到的余温。但要把离出阶段解释清楚又是一大难题，有人提出了几种不太靠谱的想法，跟一场超级平静的大爆炸假设一样只是补丁。

宇宙学家达成了以下共识：暴胀使宇宙可以在不额外输入其他能量的情况下膨胀并演化成今天的样子。因此，暴胀理论的创立者阿兰·古思将宇宙描述为"终极的免费午餐"。随着时间推移，有一句话逐渐流传开来：暴胀使得宇宙能够无中生有，宇宙的起源由此得到了充分的解释。但这种夸张的说法充分利用了"无"这个概念含糊不清的特性。我们在第20章中将会看到，要想对宇宙的存在做出完整的解释，还需要很多其他因素。

10.

占宇宙质量 2/3 的神秘物质是什么？

一闪一闪亮晶晶，

满天都是小星星。

每个人在童年时期可能都学过这首儿歌，但在人类历史的大部分时间里，没有人知道星星到底是什么。1835年，法国哲学家奥古斯特·孔德声称，我们永远不可能知道恒星是由什么组成的，因为它们太遥远了。然而，在他说出这番话之前，天文学家就已经着手研究这个问题了。1814年，约瑟夫·弗劳恩霍费尔发现太阳光光谱（太阳光经过棱镜之后形成的彩虹）中穿插着一些黑色的线，看起来就像商品的条形码一样。它们起到的作用确实和条形码差不多，每条线分别代表着某种特定的化学元素，比如碳和氧等。这种图案对天文学家而言随处可见，由此可知整个宇宙都是由差不多的物质构成的。

恒星主要由氢和氦组成，这是大爆炸产生的两种主要元素。而我们在宇宙中观测到的那些稍重的元素（比如碳、氧、氮和铁）则是由恒星内部的核反应产生的，这些反应过程就像炼金术一样，以氢元素为起点，一步一步地制造出更重的元素。我们家门口的太阳是研究起来最便捷的恒星，我们现在知道它的核心实际上是一颗巨大的热核炸弹，每秒释放的能量相当于1 000亿颗百万吨当量的氢弹同时爆炸。我们之所以没被炸成碎片，是因为厚达50万千米的气体压制住了爆炸的能量。这种核爆炸日复一日、年复一年地发生着，源源不断地释放出规模惊人的能量。如果太阳释放的能量减少1%，地球就会进入冰河时代，全球变暖则会变成一个尘封的历史名词。

恒星的寿命取决于它的质量。那些狼吞虎咽地消耗着自身资源的巨星寿命很短，它们很快就会消亡。宇宙中最早的一批恒星就是这样，它们都是质量超过100倍太阳质量[1]的超级恒星，在几百万年内就会燃烧殆尽，之后发生爆炸，将其化学元素撒向周围的空间。太阳系在45亿年前形成时汲取了大量的恒星碎屑，这也是为什么天文学家总说我们都是星星的孩子。更通俗地说，我们都是由核反应的产物构成的。

---

[1] 在描述超大质量恒星和星系等大型天体时，我们常将太阳质量作为计量单位，其大小约为1.989×10^{30}千克，一般取2×10^{30}千克。——译者注

　　探究恒星的生命周期和元素的合成是一项长达数十年的研究课题，它在天文学、化学和生命起源之间建立了紧密的联系。就在科学家终于将宇宙中所有的物质清点完毕的时候，他们发现事情有些不对劲。现在看来，从氢、氦一直到铀，这些化学元素加起来只占宇宙质量的很小一部分，而剩下的质量是其他东西。

　　天文学家可以通过一种流传了 3.5 个世纪的方法来证实这种神秘物质的存在。当牛顿发现万有引力定律的时候，人们只知道太阳系内除了地球之外还有其他 5 颗行星。直到 1781 年 3 月 13 日，出生于德国的英国业余天文学家、音乐家威廉·赫歇尔，用自制的望远镜无意间发现了第 6 颗行星——天王星。这颗行星的发现成为天文学史上的一个里程碑，因为它是第一颗借助人工技术而不是通过肉眼观测到的行星。但到了 19 世纪中期，人们发现天王星的运行轨迹明显存在一些问题，它似乎受到了一个看不见的天体的引力干扰，于是天文学家立即着手计算这个天体在天空中的位置。1846 年 9 月 23 日夜，柏林天文台的约翰·戈特弗里德·加勒在此前预测的位置上发现了它，现在我们称这颗行星为海王星。

　　那些追捕神秘罪犯的侦探往往将"跟着钱走"[①]作为自己的

[①] 跟着钱走（follow the money）：以金钱的交易和往来为线索，往往能够查出在背后操纵这些金钱的人。例如，著名的"水门事件"正是由于《华盛顿邮报》的两名记者鲍勃·伍德沃德和卡尔·伯恩斯坦秉持这一理念才得以真相大白。——译者注

座右铭，天文学家则会循着发光的物质顺藤摸瓜，最终找到隐藏在阴影中的东西。在宇宙中，有很多不可见、我们目前尚未见到或若隐若现的天体，它们的引力可能会对周围那些可见的天体产生影响，我们可以通过这些影响探测到它们的存在，海王星只是其中第一个被我们发现的天体。此外，宇宙中还存在许多暗物质，它们的总质量是可见物质的5倍。银河系就包裹在巨大的物质团块中，星系与星系之间也隐藏着大量的暗物质。至于这些占大部分质量的不可见物质究竟是什么，科学界还没有达成一致意见。除了对普通物质施加的引力之外，暗物质似乎不具备任何可被探测到的性质。它就像幽灵一样，能够悄无声息地穿过固态的天体。

一种名为中微子的粒子给我们提供了有关暗物质的线索。中微子是太阳内部核反应的副产物，它们不会受到物质的阻碍，能够直接从太阳核心处飞出去，而不像光子那样只能沿着曲折漫长的路径艰难地去到太阳表面。[1]如果中微子撞击地球，它们也能直接穿过去。乍一看，中微子似乎就是暗物质，但这种粒子质量非常小，它们只能解释暗物质中的一小部分。

也许暗物质主要是由像中微子这种穿透性很强的粒子组成的，只是它们的质量要比中微子大得多？为了寻找这些假想中的大质量弱相互作用粒子（WIMP），物理学家建造了专门的

---

[1]　一个产生于太阳核心处的光子需要经过上百万年的艰难跋涉才能逃离太阳。——译者注

探测器，并将它们深埋于地下。（因为宇宙射线可能会导致这些设备误报，这样做可以排除宇宙射线的干扰。）虽然研究人员至今仍一无所获，但正如米考伯先生①所说，"一切终会好起来的"，我们迟早能取得进展。

　　尽管暗物质的质量远大于普通物质，但它们实际上也构不成宇宙的大部分质量。普通物质和暗物质的质量加在一起只占宇宙总质量的 1/3，至于剩下的东西是什么，它们可能比暗物质还要神秘……

---

① 米考伯先生是英国小说家狄更斯创作的长篇小说《大卫·科波菲尔》中的人物，为人乐观勇敢。——译者注

11.

真空能量使宇宙成为永动机？

　　英国有一处名为巨石阵的古代遗迹，是英国最重要的文化遗产之一，也是举世闻名的地标性建筑。关于它在天文和宗教方面的意义已有诸多著述，但对于 4 500 年前生活在石器时代的人如何能在缺少现代技术的情况下将其建造起来，我们还没有什么头绪。这些巨大的石块是如何被运输并竖立在那里的？令人备感困惑的是，那些巨大的顶石是怎么抬升起来的？用超自然现象爱好者喜欢的"悬浮"概念来解释它当然是再简单不过了，毫无疑问，这个概念对人们有一种奇特的吸引力。除了巨石阵之外，人们还喜欢用它来解释埃及金字塔、马丘比丘古城墙和不明飞行物的飞行动力等。民间传说对这一概念的描述已经流传了几个世纪——从魔毯到外星人绑架——似乎飞行、飘浮等行为早已成了所有人的梦想。人类的内心深处一定藏着什么东西，让我们相信悬浮是切实可行的。

但这个概念的问题在于，它违背了我们了解的引力理论，无论是牛顿的万有引力定律，还是爱因斯坦的广义相对论。但广义相对论总归是有漏洞的，正如前文所说，爱因斯坦为了防止宇宙坍缩而捏造了一种反引力（和悬浮的概念差不多）。但这种来自宇宙的力对建造巨石阵的人来说没多大用处，因为它仅能将一块10吨重的石块减轻10^{-32}克。

在过去几十年里，广义相对论中的经验系数时而兴盛时而式微。在我的学生时代，有人开玩笑说爱因斯坦的反引力无论在生理上还是心理上都令人厌恶。直到20世纪90年代末天文学家发现宇宙的膨胀速率实际上正在逐渐增加时，情况又发生了转变。而之前，科学家一直假设膨胀速率会在宇宙总质量的作用下逐渐减缓。现在看来，反引力不仅存在，还占了上风：看起来，宇宙的油门踩得比刹车更用力。反引力也被称为"暗能量"，这一方面是因为它不可见，另一方面是因为它的来源有些神秘。（不要把暗能量与暗物质或宇宙的黑暗时代混为一谈，它们是完全不同的东西。）

今天笼罩着整个宇宙的暗能量是暴胀的残余能量的一小部分。它可能源于和宇宙万物相同的基本物理机制，当然也有可能不同。如果暗能量只是爱因斯坦提出的反引力，它的来源就是它本身，也就是说它是真空能量。这听起来让人有些摸不着头脑：如果空间是真空的，为什么它还会拥有能量？一个非常重要的原因是，它与量子力学这块20世纪物理学领域的瑰宝有关。

20世纪30年代，物理学家开始意识到根本不存在"真空"。即使在一片没有什么"常住居民"（如原子、亚原子粒子、光子等）的空间区域中，仍然会有络绎不绝的"临时居民"。这些粒子在极短的时间内不断地在虚空中以"半实体"的形式出现，随即又消失不见。但就像柴郡猫①的笑容一样，这些虚粒子会留下不易察觉的物理痕迹。我们通过实验证明了量子真空中确实充满能量，而存在能量的地方一定也存在质量。这种能量的具体数值是，10亿立方千米的真空空间内大约包含7微克暗质能。虽然看起来似乎微不足道，但考虑到宇宙之广阔，这些暗质能的总量还是相当巨大的。

$$E = mc^2$$

哪怕是一个从未接触过科学研究的人，可能也会对这个将能量E、质量m和光速c联系到一起的著名方程式耳熟能详。它遵循的规则是爱因斯坦相对论的一项关键预测：没有什么东西能比光传播得还快。如果我们试图打破这个上限会怎么样？粒子物理领域的实验技术近年来发展迅猛，人们已经在日内瓦

---

① 英国作家刘易斯·卡罗尔的《爱丽丝梦游仙境》中的角色，拥有凭空出现或消失的能力，在它消失以后，它的笑容还会挂在半空中。——译者注

附近建造了一台巨大的粒子加速器，就是那台大名鼎鼎的大型
强子对撞机（LHC，这台机器可以让两束反向运动的高能粒子
在它长达27千米的环形地下管道中进行对撞），它能协助我们
做到这一点吗？我们能让在环形管道中运动的粒子不断加速，
直至超过光速吗？事实上，我们做不到这一点。当对撞机启动
时，提供给粒子的大部分能量确实会被用于提高它们的速度，
但当粒子的速度越来越接近光速时，粒子的质量也会变得越来
越大。此时若要进一步提高这些粒子的速度，就需要给它们提
供更多的能量，而且加速的效率会逐渐降低。当机器全功率运
行时，输入能量中的绝大部分都被用于增加粒子的质量，而只
有很少一部分被用于提高粒子的速度。根据相对论，输入的能
量再多也无法使粒子的速度突破光速，大型强子对撞机最多能
让粒子的速度达到光速的 99.999 9%。上述内容表明，能量既
可以转化为速度，也可以转化为质量，方程式 $E = mc^2$ 量化了
给定能量所代表的质量。反过来说，质量是能量的来源。光速
是一个非常大的数字，所以很小的质量就能产生很大的能量。
例如，若1克的质量完全转化成电能，就能为一般的中产阶级
家庭提供数年的电力。

　　我刚刚回避了一个有关暗物质的问题：为什么暗能量（或
真空质量）能产生反引力？质量就是质量，它还会产生引力
吗？对牛顿来说，质量是引力的唯一来源，质量越大引力就越

大。但在广义相对论中，质量（等于能量）只是可以产生引力的几种物理性质之一，除此之外，压力也能产生引力。这可能有些反直觉，因为我们通常将压力视为一种推力。（压力的机械效应确实如此，但压力也会产生引力，只是对我们日常接触的空气等气体来说，其大小远小于机械推力。）然而，热辐射压力的物理作用实际上足以与能量匹敌。我们很少会注意到辐射的压力，但它确实存在，彗星的彗尾正是在太阳光的压力作用下产生的。辐射压力的作用之强使得辐射的引力大于一般气体，因此在大爆炸发生后温度极高的几十万年中，辐射超越了其他所有作用，主导了宇宙的引力。所以，对于宇宙膨胀速率，它就是那一脚刹车。

让我们再回到真空的话题上，你可能会认为真空中的压强应当为零，但事实并非如此。真空压强大约是地球大气压的百万亿分之一，一言以蔽之，空间会产生吸力。如果压力等于引力，那么吸力等于反引力。其结果是，暗吸力的反引力是暗能量引力的3倍，反引力占据优势，因此空间会自我排斥。即使宇宙是一个空空如也的空间，它也会持续不断地膨胀。而且，这种膨胀没有上限，宇宙的体积每过几十亿年就会翻倍。自我排斥的空间将宇宙变成了一台永动机，即使没有任何能量输入，宇宙也会自然而然地演化。这样一来宇宙只需要按下开关，剩下的事情它自己就可以搞定。

虽然上述内容很可能是有关宇宙加速膨胀的正确解释，但没人知道该如何计算量子能量的数量。量子能量在太空中涌动，产生虽然微弱却至关重要的负压。我在前文中引用的数字全部来自天文观测，而不是理论计算。如果用量子物理进行直接计算，那么我们只会得到非常荒谬的答案。有些人计算出的真空能量是目前观测到的暗能量总和的10^{120}倍，这简直错得离谱！实际上，任何人都可以编造出自己想要的结果。在诸多宇宙学学术会议上，科学家往往把暗能量问题放在"有待揭开的宇宙奥秘"问题清单的前几行，并且一再强调这是理论物理学领域有史以来遇到的最艰巨的挑战之一。就我个人而言，我认为他们有些言过其实，物理学家应该很快就会揭开真相。不过，无论答案是什么，它都不太可能给我们带来一张神奇的魔毯。

12.

宇宙中的物质为什么比反物质多得多？

如果你去参观伦敦的威斯敏斯特大教堂，你会在牛顿墓附近的地面上找到一块刻有方程式的纪念石板（参见图9）。这块石板是为了纪念20世纪最杰出的科学家之一——保罗·狄拉克而铺设的。即便看不懂其中那些符号，你也会为石板上镌刻的方程式的简洁优美所震撼。这个方程式为我们打开了通往数学和物理奇境的大门，将那些我们很难想象的更深层次的物理现实展现在我们眼前。

狄拉克方程发表于1929年，它将20世纪物理学领域的两大标志性成果——相对论和量子力学——融为一体。狄拉克创建这个方程，是为了描述电子在接近光速时的行为，比如，在放射性发射的过程中及环绕以铀为代表的重原子时，电子会表

图 9 威斯敏斯特大教堂中用于纪念狄拉克的石板，上面刻有著名的狄拉克方程

现出怎样的性质。这个方程也是一件无与伦比的艺术品：狄拉克用寥寥几笔就勾勒出了新奇的几何结构，让我们能以一种全新的方式描述空间、时间和物质。

新的方程建立后，要做的第一件事就是求解。狄拉克方程的解对应于电子的各种可能的状态，比如在环绕原子的某个轨道上或携带一定的能量自由移动。不过，狄拉克在求解方程的过程中产生了困惑：他的方程似乎在每种状态下都有两个解，既然一个解就足以描述电子的状态了，那么另一个解又有什么用？这个优美的方程中隐藏着什么秘密？狄拉克只能充分发挥自己的想象力：这个方程告诉我们可能存在一种反世界，每个电子在这个反世界中都有一个"反电子"——质量与电子相同，而电荷符号与电子相反（电子带负电，反电子则带正电）。虽然当时科学界尚未发现这样的粒子，不过狄拉克确实猜对了。1932年，美国物理学家卡尔·安德森发现了反电子（我们现在通常称其为正电子），狄拉克因此获得了1933年的诺贝尔物理学奖。

正电子被发现后不久，其他反粒子也相继浮出水面：反质子、反中子、反中微子等。现在，所有已知物质粒子的反粒子均被发现，而且科学家可以通过某些实验收集反物质粒子。我们将这些反粒子统称为反物质，它们的存在让宇宙学家觉得匪夷所思。为什么隐含在狄拉克方程中的美丽的数学对称性，在物理世界的构成中未得到体现？我们在日常生活中遇到的一切事物，包括我们自己在内，都是由物质构成的，那么反物质去哪里了？不过，反物质的数量如此少反倒是一件好事，因为一旦物质和反物质撞到一起，它们就会湮灭，同时释放出大量γ射线。

狄拉克想知道，宇宙中是不是存在着等量的物质和反物质，只是出于某种原因被分门别类地散布到广阔无垠的空间中，这样它们就不会轻易发生碰撞。他甚至认为可能存在"反恒星"，由于仅凭观测无法确定一颗恒星究竟是由物质还是反物质构成的，他的这种想法还算不上离谱。但是，偌大的星系中总会发生物质和反物质的碰撞，而天文学家从未观测到由正反物质湮灭产生的γ射线。因此，即便反物质真的存在，总量应该也就一点点。

反物质的缺失其实只是"物质为什么会存在"这个问题的一部分。所有诞生于大爆炸的质子、中子、电子（我们测得的物质总质量大约是10^{50}吨）最初是如何产生的？对科学家来说，物质的制造过程并不是未解之谜，而只是稀松平常之事。例如，来自遥远星系的射线（其实是高能粒子流，其主要成分是质子）以接近光速的速度不断冲击着地球。当它们猛烈地冲击地球大气时，就会产生大量新粒子：一个质子可能会产生几十个电子，以及μ介子、π介子和K介子等奇异粒子。事实上，安德森最初就是在宇宙射线中发现了正电子。打开盖革计数器，你会听到"咔嗒""咔嗒"的背景音，那是在我们头顶上方不断产生的μ介子经过时发出的声音。我们在大型强子对撞机等粒子加速器中也能以这样的方式制造出新的物质。但需要注意的是，这些物理过程在产生新粒子的同时也会产生一些反粒子。

新粒子的出现伴随着动能向质量转化的过程，这一过程需要足够的能量，用于转化成新的粒子和反粒子的质量。由于大爆炸的高温可以提供大量的热能，物质在那时诞生也就不足为奇了，但这仍不能解答反物质缺失的问题。似乎在大爆炸发生的一瞬间有什么东西打破了物质和反物质的对称性，而探查其真相已经困扰了整整两代物理学家。无论这种机制究竟为何，它都不必完全偏向于物质，同时将反物质的产量降为零。它只需要使新生的物质粒子在数量上略微超过反物质粒子，比如多出十亿分之一。之后，随着宇宙逐渐冷却，所有反物质和绝大部分物质会开展一场相互碰撞并湮灭的狂欢，最终只有一小部分未曾与反物质碰撞过的物质能留存下来。有人可能会说，这是我们已经了解了宇宙现状的后见之明，不过这个过程的确足以解释我们的宇宙是如何构建的。如果上述推测是正确的，我们今天看到的宇宙微波背景就是产生于这场大规模湮灭的一大批 γ 光子经过巨量红移的结果。

在狄拉克发现物质和反物质之间（稍有破缺）的对称性后的几十年里，物理学家对物理定律中的几种基本对称性保持着密切的关注，镜像对称便是其中之一。我们在照镜子的时候会发现，现实中的右手其实是镜子里的左手。你可能会认为大自然对左手或右手不会有所偏爱，但物理学家于1956年震惊地发现事实并非如此。[①] 他们探究了一种叫作 β 衰变的放射性过程，并发现在一个中子转化为一个质子、一个电子和一个反中微子的过程中，左手性和右手性之间存在明显的不平衡（参见图10）。即使你偷偷地在镜子里播放一段 β 衰变的录像，物理学家也一定能够发现其中的端倪。

① 这里指的是物理学家杨振宁和李政道发现的"弱相互作用下的宇称不守恒"。——译者注

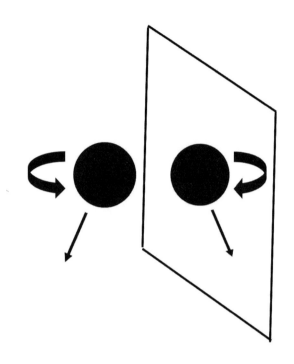

图 10 被称为 β 衰变的放射性过程打破了左手性和右手性之间的对称性。图中显示了一个自旋中的原子核向"南"发射了一个电子。从镜子里看，自旋方向是相反的，电子似乎是向"北"发射的。1956 年，一项用放射性钴进行的实验发现，电子的发射方向在"南"和"北"之间有着明显的不对称性。平均而言，电子更倾向于向"南"发射，这意味着该过程与其镜像之间存在差异

我们要探讨的第三种对称性是时间反演。正如在镜子里播放录像一样，我们也可以倒放这段录像。现在问题来了：在粒子物理学中，对每个已发生的过程而言，物理定律是否允许其反向过程同样成立？例如，当一个电子遇到一个正电子时，它们会相互湮灭，并产生两个 γ 光子；那么反过来，两个 γ 光子

能产生一个电子和一个正电子吗？当然可以，但这对粒子的产生和湮灭的可能性完全相同吗？如果自然倾向于时间的某一个方向，那么正向过程和反向过程的速率可能会存在微小的差异。20世纪60年代，有人发现有些粒子的变换过程确实符合这一特征（并非我们刚刚举的那个例子）。也就是说，亚原子过程略微地违背了时间反演对称性。即使你在未提前告知的情况下给一位经验丰富的物理学家播放反向过程的录像，他也能判断出这一过程的方向。

如果在镜子里倒放一段粒子过程的录像，会怎么样呢？聪明的物理学家照样能揭穿我们的把戏吗？这一次他可能做不到，事实证明，如果同时反转左右和时间的方向，这相当于反转了电荷，看起来就只有物质和反物质（比如一个带负电荷的电子和一个带正电荷的正电子）之间的区别。同理，反转电荷的效果与在镜面反射中反演时间的效果也是一样的。1967年，俄罗斯理论物理学家安德烈·萨哈罗夫指出，如果存在同时违背电荷反转和左右对称性的基本粒子过程，物质为何能在大爆炸之后存在的问题就会变得更容易解释。

虽然这一研究方向似乎是正确的，但目前还没有人把这些东西结合到一起来解释物质和反物质的不对称程度究竟如何。不过，我们可能即将在这个难题上有所突破。2020年4月，日本的研究人员在进行了一项实验后公布了一条新线索。他们在日本的东海这个地方搭建了一台粒子加速器，让中微子束和反中微子束从那里出发，直接穿过地球射向埋在神冈附近地下的中微子探测器。粒子束会在很短的时间内穿过295千米厚的坚固岩石，并在这一过程中发生微妙的变化。实验结果表明，中微子和反中微子的变化程度略有不同，这似乎隐隐地指向某种对称性破缺，可用于解释宇宙反物质缺失的问题。

自旋

现在，我要说一件可能会让你晕头转向的事。狄拉克方程预测电子会像陀螺一样自旋，并且所有电子的自旋速率都完全相同，这是电子的本质属性。但这个方程也表明，与陀螺仪和地球的自转相比，电子的自旋显得有些奇怪。如果从北极上空俯瞰，我们会看到地球正在沿逆时针方向自转。如果一个宇宙巨人突然将地球上下翻转，我们会发现自己正在俯瞰南极，地球自转的方向则变成了顺时针。如果再把地球翻转回去，一切都会恢复正常，这很好理解。然而，如果将一个电子旋转一周（360度），情况就和地球迥然不同——电子不会恢复到原来的样子。你必须将它旋转两周（720度），才能使其恢复原样。物理学家可以利用磁场令电子旋转来检验这一属性，由此可见，这些粒子观察世界的视角似乎是人类的2倍。正如有些患色盲症的人会错过周遭世界的全部色彩一样，人类是"几何盲"，只能看到现实世界的1/2。

　　这给我们带来了一个有趣的哲学问题。为什么自然法则中会存在不对称性? 如果一切都是平衡的, 宇宙就会比现在更容易探究, 不过那样的话它就不会形成恒星和行星, 也不会产生不懈追求真相的人类。但是, 如果我们在宇宙中观测到的这种不平衡能够在别处得到补偿, 我们就能做到鱼与熊掌兼得了。例如, 也许存在一个所有事物都被调转了方向的镜像宇宙, 或者时间的走向与地球相反的反物质宇宙……总之, 它是一个反世界。这个世界在哪里呢? 可能性有很多: 穿过黑洞或虫洞后抵达的世界, 与我们相互重叠但不可见的世界, 平行世界, 等等。又或者, 大爆炸也有可能是一个对称点, 两边的时间之箭都指向它, 这是萨哈罗夫的个人之见。这些推测都没有相关证据, 但它们确实令人心驰神往, 对那些认为自然应当简单而优雅的科学家来说更是如此。任何一位化妆师都会告诉你, 对称性无疑是美的指标之一, 但在宇宙学中呢? 事实上, 这是一个仁者见仁智者见智的问题, 也许些许的不对称也别具美感呢?

13.

当恒星的燃料耗尽时，会发生什么？

1930年，一个名叫苏布拉马尼扬·钱德拉塞卡的20岁印度学生，从马德拉斯（现在的金奈）启程前往剑桥大学学习天体物理学。为了在长途旅行中打发时间，他摆弄起用于描述恒星稳定性的方程，并在此过程中取得了一个惊人的发现，甚至差点儿葬送了他的整个研究生涯。

当时的天文学家对恒星的形成过程只有粗陋的了解，他们知道恒星是由炽热气体构成的天体，持续进行着大规模的平衡活动——气体试图向周围的空间中膨胀，但同时受到引力的牵扯。对像太阳这样的恒星而言，只要气体的高温得以维持，就能达到平衡状态，因此它需要不断地消耗燃料。但是，当燃料耗尽时会发生什么呢？引力占上风似乎在所难免，于是恒星开始收缩，其半径越小，引力就越强。天文学家很早之前就对一种名为白矮星的小型恒星非常熟悉了，这种恒星的质量与太阳相当，体积却被压缩成行星的大小。这些燃烧殆尽的恒星缩成一团，甚至所有的原子都紧紧地挨在一起。

科学界曾经认为，量子物理定律会阻止恒星进一步压缩，但钱德拉塞卡在船上得出了与之相反的结论。他的方程表明，如果一颗恒星的质量足够大，其巨大的引力产生的挤压效应会使原子中的电子以接近光速的速度运动。恒星的物质非但不会变得更加坚硬，反而会被压缩得更加致密，这预示着毁灭性的暴缩。在没有任何外界因素干扰的情况下，这个物质球会落入自身的引力井，消失在数学家所说的奇点①中。

钱德拉塞卡计算了产生这种不稳定性的临界质量，他得出的答案是1.44倍太阳质量，我们现在称之为钱德拉塞卡极限。刚抵达英国，他就骄傲地宣布了自己的研究成果，却引来了铺天盖地的抨击。20世纪30年代，恒星的引力坍缩理论与当时科学界的主流观点格格不入，他们认为钱德拉塞卡的研究完全是胡说八道、一文不值，还批评他是一个自命不凡的毛头小伙子。当时最杰出的天文学家阿瑟·爱丁顿爵士（他发现了光线弯折现象）在英国皇家天文学会的一次会议上公开讥讽钱德拉塞卡，并宣称自然中一定存在一条法则能"阻止恒星以如此荒

---

① 奇点是一个密度和几何曲率无限大的点，代表着空间和时间的边界。

谬的方式演化"。这对一位有抱负的科学家来说无疑是毁灭性打击。爱丁顿的言行深深地刺伤了钱德拉塞卡的心，他决定离开英国。移居美国后，他开辟出一片广阔的天地①，直到1995年与世长辞。

爱丁顿并不傻，但在这个问题上他确实错了。一旦一颗燃烧殆尽的恒星的质量超过钱德拉塞卡极限，它就会在一瞬间经历壮观的震颤、坍缩和爆炸。它的核心会在极其短暂的时间内发生暴缩，其余部分则在爆炸过程中喷射到宇宙空间中，这就是我们所说的超新星爆炸。中国的天文学家在1054年目睹过一次这样的爆炸。②恒星的核心最终可能会形成一颗中子星，即由中子组成的物质球，大小相当于一座城市的规模。中子星最早发现于20世纪60年代，至今天文学家已经发现了很多颗中子星，并对它们进行了深入的研究。天关客星就是其中之一，这颗超新星爆炸时喷射出去的碎片形成了一团名为"蟹状星云"的气体云（参见图11）。

质量更大的恒星会完全坍缩成黑洞。科学界花了几十年时间才完全理解和接受黑洞的概念，但其基本特征几乎从一开始就隐含在广义相对论中。1916年，卡尔·施瓦西发表了一篇

---

① 钱德拉塞卡定居美国后，几乎每10年就会转向一个全新的领域，并且取得了丰硕的研究成果。他是诺贝尔物理学奖得主杨振宁和李政道的老师，本人也获得了1983年的诺贝尔物理学奖。——译者注

② 即"天关客星"，发生在北宋至和元年，由司天监官员记录。——译者注

图 11 蟹状星云，它向我们展示了一颗于 1054 年爆发的超新星喷射出的碎片。这片星云的中心有一颗中子星（图中不可见），它是恒星的核心在引力作用下发生暴缩的产物

论文，提出了黑洞的基本概念。但几十年来，科学界一直将其视为没有物理意义的纯数学产物，就算爱因斯坦本人也是这样认为的。钱德拉塞卡证明了这样的天体真实存在，并且是由濒死的恒星转化而来的。1972年，天文学家发现了第一个黑洞——天鹅座的恒星残骸。

有关黑洞的研究现在已经成为天文学的一个分支，我们必须认真对待爱丁顿和爱因斯坦拒绝面对的问题：有些恒星会在引力的作用下完全坍缩。这一事件会给那些暴缩的恒星造成极其强烈的影响，但接下来我们将会看到，其实时间受到的影响更强烈。

14.

如果掉进黑洞，会怎么样？

　　我的妻子很喜欢购物，而且全身心地投入其中，往往逛到很晚才会急急忙忙地赶回家，对我说上一句："不好意思，时间过得太快了！"而我无所事事地待在家里等她回来，感觉度日如年。事实上，时间的间隔对我们俩来说是完全相同的，我和妻子感受到的这种时间差异只存在于思维层面。但如果同一事件的持续时间（我的妻子在商场购物）对我们俩来说真的不一样——不仅是心理差异，而且是用精确的时钟测量出来的差异——会怎么样？这个说法听起来可能很奇怪，但这正是相对论隐含的意思。不只是空间会扭曲，时间同样会扭曲。

　　时间扭曲是一个扑朔迷离的话题，也是物理学领域中令人兴奋的研究课题。在我十几岁的时候，我常会跟朋友和家人分享一些趣事，比如，时钟的运行方式发生改变，双胞胎的年龄变得不同，等等。在大多数情况下，他们完全不相信我陈述的是事实。直到现在我还能接触到坚称时间不可能被扭曲的怀疑论者，他们会竭尽所能地找出一些论证逻辑，试图驳斥时间扭曲的观点。时间是我们内心可以感知到的东西，如果你告诉一个人这种最原始的体验并非植根于现实世界，那么他会产生多么强烈的反应我也不会觉得奇怪。

20世纪70年代，我是伦敦国王学院的一名青年讲师，我的办公地点离《自然》杂志社很近。他们常会收到民间科学家的投稿，内容大多是在相对论预测的时间扭曲中挑刺。于是，他们专门划分出一块办公区域用于处理这些问题，我每隔几周就会过去一趟，帮他们筛选出这类文章，并给予投稿人礼貌的反馈。这种做法大多数时候都是有效的，但也有少数令人厌烦的投稿人固执己见，甚至会威胁我们，如果我们拒稿，他们就会诉诸法律途径。

在那个时候，时间扭曲已经是一个存在了几十年的观点了。早在1915年，爱因斯坦就预测引力会使时间减缓，并且给出了相应的公式。例如，珠穆朗玛峰峰顶的时钟比大本钟的运行速度快0.000 000 000 1%，相当于每3.3万年快1秒钟。这是因为相比伦敦，珠穆朗玛峰峰顶离地心更远，引力稍弱。虽然这种影响很小，但也不容小觑，比如，全球定位系统（GPS）的运行依赖的正是轨道卫星上装载的高精度计时装置。

在长达几十年的时间里，天文学家完全忽略了引力造成的时间扭曲，因为它的程度太小，根本无法激起天文学家的研究兴趣。但随着剑桥大学研究生乔斯琳·贝尔于1967年发现第一颗中子星，这一切都发生了天翻地覆的变化。英国的科学研究向来有节俭质朴的优良传统，贝尔也不例外。她用铁丝网把无线电接收器连接起来，再把它们绑在一片田地里的桩子上，制成了一台廉价却有效的无线电望远镜。一天，她发现这台望远镜观测到的信号中有"一片模糊的痕迹"，这实际上是一颗高速自转的中子星发射的有规律的无线电脉冲。当时，贝尔和她的博士生导师安东尼·休伊什怀疑这些脉冲可能是外星文明发出的信号，所以他们将其命名为"小绿人"（LGM），并纳入保密范围，待做进一步评估。如果这真是来自外星文明的信号，那么贝尔也会因此彪炳史册，只是缘由完全不同。在这个实验中，贝尔和休伊什很快又发现了另一个脉冲射电源。结果表明，他们发现的不是外星人，而是一种新的天体。

中子星表面的引力非常强，如果那里有一台时钟，它的运行速度会比大本钟慢30%左右。中子星上的物质被引力紧紧地锁在一起，即使它自转的速度高达每秒1 000转，它也不可能散架。中子星在自转的过程中会发出细长的无线电波束，就像宇宙中的灯塔一样。我们在地球上可以探测到中子星发出的不断重复的短暂无线电脉冲，并且其频率的规律性极强，所以脉冲星是宇宙中最精确的时钟。贝尔一开始注意到的正是这些断断续续的脉冲。几年后，当物理学家发现一对相互锁定在对方近距离轨道上的中子星时，他们意识到这个双星系统能实现他们检验广义相对论的梦想。当多颗恒星聚集在一起的时候，它们周围的时空就会扭转、弯曲，而脉冲星的时钟会始终如一地追踪时间扭曲后的变化。

对一个具有一定质量的球体来说，其表面的引力强度会随其半径减小而增大。如果现在有人对地球施展魔法，将其半径压缩为现在的1/2，地球表面的时钟就会减慢0.000 000 1%。如果继续压缩，扭曲系数将不断上升，并且增速越来越快；如果地球被压缩成豌豆大小，扭曲系数将变为无穷大。此时，地球表面的逃逸速度会达到光速，因此没有任何东西能够摆脱地球的束缚——这个豌豆大小的地球已经变成了黑洞。早在1783年，一位名叫约翰·米歇尔的英国牧师就推导出，空间中可能存在引力强到就连光也逃逸不了的天体。此时离爱因斯坦提出广义相对论还有100多年的时间。事实证明，依据牛顿的万有引力定律也能得出相同的结论：当一个天体的半径小到一定程度的时候，光就无法逃逸。在天文尺度上，黑洞当然是非常小的天体，例如，一个10倍太阳质量的黑洞半径只有30千米左右。

光速是绝对的速度上限，所以黑洞内部的任何信息都不可能传递出去。黑洞外面包裹着一层仅存在于假想中的单向膜，我们将其命名为"事件视界"。之所以取这样的名称，是因为视界之外的我们不可能知道视界内部发生了什么。黑洞吞噬万物，并且永远不会归还，这意味着任何落入其中的东西都会失去所有特征。无论是由物质、反物质还是绿色奶酪形成的黑洞，从外表看都是一样的。

这就是黑洞之"黑"，那么"洞"呢？在事件视界之内，所有向外传播的光都会在巨大引力的拖曳下转而朝中心行进。物质的速度不可能比光快，所以那些暴缩的恒星会不断收缩，直至变成一个密度无穷大的点（奇点），在空间中消失无踪。于是，黑洞周围的空间从远处看既黑又空，这就是我们为它取名"黑洞"的原因。

人们总想知道，如果掉进黑洞会怎么样。时间会冻结吗？答案是否定的。因为时间是相对的，它只是相对于远处的时钟静止不动。对一个跌入黑洞的观察者来说，时间及他随身携带的怀表都不会发生奇怪的变化。但如果他把怀表的读数和地球上的时钟读数进行比较，他就会注意到两者之间存在着巨大的差距，而且这个差距还在不断加大——他可能早已被世人遗忘。事实上，这个人面临的最严峻的问题并不是时间扭曲。在他进入黑洞之前，随距离变化的超强引力就会将他撕成碎片，我们通常形象地将这种效应称为"意大利面化"（spaghettification）。

正如钱德拉塞卡指出的那样，很多黑洞都是恒星核心坍缩的产物。但星系中心也存在超大质量黑洞，目前还没有人知道它们是如何形成的。例如，银河系中有一个400万倍太阳质量的黑洞，M87星系中甚至有一个64亿倍太阳质量的黑洞。这些令人望而生畏的天体胃口大得出奇，它们会贪婪地吞噬任何靠近它们的东西——恒星、气体、尘埃乃至其他黑洞。黑洞吞噬物质是一个混乱而剧烈的事件，其间会释放出大量能量，就好像那些被吞噬的物质在黑洞口中绝望地挣扎。这些能量中的一小部分会被黑洞吞噬，但绝大部分会喷射到空间中，并将周围的物质炸成狭长的高能喷流。2020年3月，天文学家在位于蛇夫座的一个巨大的星系团中探测到迄今为止规模最大的天体爆炸事件，这个星系团距离我们大约3.9亿光年。爆炸瞬间释放的能量相当于太阳一生输出能量总和的1 000亿倍。如此剧烈的能量爆发使黑洞看起来更像物质产生的来源，而非物质消失的终点，这也能解释为什么弗雷德·霍伊尔认为它们代表新物质的产生。但是，黑洞非但不会创造物质，还会导致物质的消亡。

15.

时间旅行真能实现吗？

　　一个现实世界中的人被写进小说里可不是一件寻常事，但格里高利·本福德将我变成了他的著作《时间景象》中的一个角色。本福德也是一位天体物理学家，1976年，他在创作这部小说时曾来到伦敦国王学院找我探讨时间的本质问题，以及过去与未来的区别。小说中的故事发生在1998年世界末日即将到来之时，一群英勇果断的科学家（包括在伦敦国王学院工作的保罗·戴维斯）制订了一份向1962年发送信息的计划，希望能及早预警世界末日的到来，并敦促人类采取有效措施来避免这一事件的发生。

　　发送能穿越时间的信号已经是一项很大的挑战了，那么真正的时间旅行呢？如果你不喜欢当下的生活，可不可以去往别的时间呢？这是一个诱人的想法，试问哪个小孩不天天期盼着下一个生日、圣诞节和暑假尽快到来呢？对一个无所事事的年轻人来说，未来的馈赠似乎总是显得太过遥远。我小时候曾经幻想过让时间加速，最好能跳过某几周的时间。每次遇到那些令人不快的事情，比如看牙医，我就会想：如果有一个按钮，我按下它就能让时间直接跳转到第二天，那该多好！

这听起来有些异想天开，但相对论告诉我们，这并非不可能。我在前文中提到了一种利用引力穿越时间的方法：引力的作用能使时间变慢。如果你动身前往一个具有大引力场的地方（比如黑洞附近）度假，那么让地球上的时间快进到你想要的未来不过是弹指一挥间的事。诚然，在黑洞旁边闲逛的做法不具有可行性，不过相对论给我们提供了另外一种更容易实现的方法，可以实现我们快进到未来的愿望。爱因斯坦在他1905年发表的那篇论文中指出，除了引力之外，速度也能使时间变慢。只要以很快的速度运动，我们就可以更快地到达未来。不过，这样的效果只在运动速度极其快的情况下才能达成。打个比方，在一趟长途飞行中，飞机上的时钟通常会比机场中的时钟慢几纳秒，依据我们人类的经验，这意味着飞机上的乘客都变年轻了（只是程度非常小）。

几纳秒的时间很难让我们体验到《神秘博士》中描述的那种奇遇。更高程度的时间扭曲需要极高的速度，速度越接近光速，扭曲系数就越大。当大型强子对撞机将粒子的速度推动到光速的99.999 9%时，巨大的时间扭曲也会相伴出现，这时粒子的1秒钟相当于实验室中的2小时。宇宙射线中的粒子与地球之间的时间差异更明显。迄今为止，我们所知能量最高的宇宙射线是由皮埃尔·奥格天文台发现的，该天文台在阿根廷潘帕斯草原上安放了一组粒子探测器。这种宇宙射线的能量是大型强子对撞机中能量最高的粒子的200万倍，如此庞大的能量也使其获得了一个十分贴切的名字——"我的天粒子"。这种粒子的运动速度非常接近光速，如果以它本身为参照物，理论上它只需要几分钟就能横穿整个银河系；而如果以地球上的我们作为参照物，这个时间将增长至大约10万年。如果一个人能够以如此快的速度运动，地球上的3 000年对他来说就只是2秒钟！当然，我暂时还没有将加速和减速阶段的成本、风险和后果考虑在内，不过基本的物理原理表明这种时间旅行是可行的。

虽然我们能以时间扭曲的速度去到未来，但无法再以同样的速度回到现在，因为后者需要逆转时间的走向，使其向后逆行。在物理学上，回到过去比去往未来实现起来要困难得多。况且，回到过去的命题在哲学上同样存在问题，它涉及多个广为人知的悖论。其中，最著名的就是"祖父悖论"：如果一个时间旅行者回到几十年前，谋杀了他正值壮年的祖父，会怎么样？这样一来，这个时间旅行者就不可能出生，那么这场谋杀又怎么可能发生呢？但如果没有谋杀这回事，这个时间旅行者就会顺利出生，并且有可能回到过去谋杀他的祖父。无论如何，这一叙事都是前后矛盾的，属于一种"命定悖论"。由于过去和未来的时间交织在一起，正常的"先因后果"的因果关系链被打乱了，必然会出现非常混乱的局面。

当然，正是因为存在这些悖论，时间旅行才能成为科幻小说中经久不衰的题材。早在19世纪90年代，该领域的开山鼻祖赫伯特·乔治·威尔斯就在《时间机器》一书中描写了这类故事。虽然小说家往往无法化解悖论，但他们可以叙述因果循环的情形。比如，一个时间旅行者回到过去，成功地阻止了一场谋杀，获救者生存下来，并成为这个时间旅行者的祖父。虽然这个故事的情节很连贯，但它也隐含了时间旅行者不能随心所欲地杀死他的祖父的意思，有些人觉得这样的限制非常荒谬。事实上，物理定律也会在很多方面限制我们的自由意志，比如我无法在天花板上自如地倒立行走，虽然我很想这么做，但我也接受了自己做不到这件事的事实。

即便我们能找到化解那些哲学悖论的方法，有一个问题仍然存在：回到过去这件事在物理上有没有实现的可能性？这也是最难以理解的问题。虽然爱因斯坦在阐述广义相对论时承认了奇怪的时间扭曲效应，但他认为相对论应该不会允许一个人或一个物体回到过去。事实上，即使像本福德在《时间景象》中提到的那样只是向过去传递信息，也会造成命定悖论。一旦有人被告知了未来将要遭遇的事情，他就可以通过行动来改变这一结果。但爱因斯坦无法排除这样的可能性，因为广义相对论并未明确指出回到过去是不可能的。

这些隐藏在广义相对论中令人不安的不确定性，犹如令人尴尬的秘闻一般，困扰了科学界几十年。那时的爱因斯坦已在普林斯顿高等研究院就职，并且成为物理学界的传奇人物，但他有时会说，自己待在普林斯顿高等研究院的唯一原因，就是想和库尔特·哥德尔一起散散步。哥德尔是一位同样供职于普林斯顿高等研究院的逻辑学家，从事的是数学领域的基础研究，不过他也不惧挑战地学习了爱因斯坦的广义相对论。1948年，他求出了爱因斯坦方程组的一个解，这个解所描述的宇宙确实允许观察者回到过去。尽管哥德尔的宇宙模型在物理上是成立的，但其前提条件是整个宇宙都处于旋转状态。当时天文学家无法排除宇宙正在缓慢旋转的可能性，但我们现在已经知道，如果宇宙真在旋转，哪怕是龟速旋转，我们也能从宇宙微波背景中探知这一点。

尽管哥德尔的宇宙模型不符合现实情况，但它也证明了广义相对论在理论上允许能打破因果关系的时间循环存在。在过去几年中，科学家又陆续产生了一些允许逆向时间穿越的新灵感，其中最著名的就是空间中的虫洞。虫洞好似通向远方的隧道或星际之门，为我们开辟了一条捷径。虫洞类似于黑洞，只不过它既有入口也有出口。黑洞和虫洞都有能扭曲时间的强大引力场，一旦我们进入黑洞就只有死路一条，而进入虫洞我们则可以穿过它并从星系的另一处出来。科幻电影《超时空接触》中就有这样的场景，如果电影中的宇航员从虫洞中出来后以传统的方式（穿过星际之间的空间）回到地球，她就会在宇宙中完成一整圈时间和空间上的循环，届时她不仅是一位宇航员，还是一位"宙航员"。

虽然黑洞很常见，但至今仍无人发现虫洞。虫洞可能并不存在，或者更恰当的说法是，它们不可能存在。尽管广义相对论没有否认虫洞或时间旅行的存在，但量子物理学可能会禁止它们存在，比如它们可能会给量子真空带来不稳定性。斯蒂芬·霍金曾提出"时序保护假说"——时间循环永远不可能形成，为此他戏谑地说，时序保护的机制"保护宇宙免受历史学家的破坏"。但到目前为止，时序保护机制尚未得到证明，时间循环这种令人不安的可能性仍然存在。

16.

是谁射出了时间之箭？

　　我们对时间旅行故事的迷恋，在很大程度上源于一种本能的欲望：我们总想要纠正过去的错误，这样我们就能为自己和人类命运共同体创造更加美好的生活。然而，如果时间旅行无法实现，我们就不得不面对过去已然注定的现实——破镜难圆，覆水难收，米已成炊，木已成舟。但奇怪的是，未来是开放的，我们仍有塑造未来之力。那么，过去和未来之间不对称的根源是什么？为什么时间之箭一去不复返？

　　1968年，弗雷德·霍伊尔在英国皇家学会于伦敦举办的会议上做了一场演讲，内容是：为什么我们会在无线电播出之后才能听到它，而不是在播出之前？从那之后，我便开始关注这一研究课题（事实上，霍伊尔的演讲内容比我在这里陈述的更学术，无线电传播的不对称性是整场演讲的精髓）。我还写了一本关于时间不对称性的书，打算把它作为这一问题的最终结论。那是20世纪70年代中期的事了，格里高利·本福德正是因为看了这本书才来找我讨论他的《时间景象》的。几十年过去了，让我感到震惊的是，仍有很多人对时间之箭的问题备感困惑，关于这个主题的书也出了不少。

现在，我要给大家倒着播放一些日常生活中常见之事的影像记录，其中各种荒谬的情节可能会让你忍俊不禁。人群在街上倒退着行走，河流向上游流动，海浪退去后留下了精美的沙堡。但在物理学中，笑声是无法作为评判依据的。那么观众如何能判断出他们看到的影像与现实情况不符呢？我来给你一点儿提示。打开一副新的扑克牌，你会发现它已经被制造商按照花色顺序排列好了。洗牌后，它原本的顺序就被打乱了。如果一个魔术师将一副打乱的牌洗完之后还给你一副按照出厂顺序排列好的牌，你立马就会知道自己被愚弄了。虽然通过洗牌让一副打乱的牌恢复出厂顺序并非不可能，但概率确实很小。在这里，时间之箭显而易见：随机的干扰会将有序变成无序。

科学家从19世纪中期开始关注这一基本性质。针对气体分子的随机运动、碰撞和传播热能等行为，奥地利物理学家路德维希·玻尔兹曼展开了研究。他对这种自然界的洗牌进行了数学分析，并且确定了熵（用于描述气体无序程度的量度）的精确数值。之后，他运用牛顿力学定律，又加入了能量均分的方法，证明了熵永远不会减小。熵会不断增长是著名的热力学第二定律的一种表述方式，或许也是应用范围最广的物理定律。这条适用于气体的定律也能推广至宇宙中的万事万物：所有系统都天然具有变得更加混乱的倾向（参见图12）。对十几岁的孩子来说，把"系统"换成"卧室"可能会更便于理解，把卧室弄得乱七八糟当然比收拾得整整齐齐要容易多了。英国物理学家开尔文勋爵了解到这一切对宇宙的影响之后，在1852年发表了一场演讲，这场演讲以他做出的科学史上最令人绝望的预测著称。开尔文声称，整个宇宙被熵增扼住了命运的咽喉，终将走向灭亡。宇宙正在不可避免地逐渐陷入混乱不堪的状态。

图12　厨房中的常见现象。分辨出这两张照片的先后顺序应该不是什么难事

如果时间之箭指的是宇宙不断地朝着无序状态高歌猛进，过去的宇宙一定比现在更加有序。事实的确如此，正如我一再

强调的那样，大爆炸发生之后的宇宙有序到令人发指。如果宇宙真的秩序井然、毫无漏洞，时间之箭就会停下。这样的话，宇宙将永远完美无瑕，而引力面对这样的宇宙就像老虎吃天，无从下口。当然，初生的宇宙并不是绝对完美的，宇宙背景探测器发现了温差仅为0.001%的微小缺陷，这远远超出了人类的感官极限。这些缺陷代表了原始等离子体中难以察觉的密度差异，表明宇宙的状态与完全有序之间存在极其微小的差距。

引力终于找到地方"下口"了，密度较高的区域引力更强，周围的物质不断向这里聚集。与此同时，不同区域间的密度差异在这一过程中不断放大，最终超大规模的复杂性诞生了：星系团、不断翻腾的星云，还有恒星。聚集是引力送给宇宙的礼物，如果物质不能聚集到一起，我们就不可能存在。正是引力塑造了元素，并用元素搭建出恒星、宜居行星以及太阳系的有序结构。但是，引力就像一位暴躁的神，既是创造者也是毁灭者。正如钱德拉塞卡所说，引力冷酷无情，永远走在迫害下一个受害者的路上。在长达数十亿年的岁月中，太阳为了摆脱被引力毁灭的宿命而消耗了大量燃料，但燃料总有用尽的一天，这场旷日持久的战争终将以引力的胜利而告终。

引力的聚集是一个不可逆的熵增过程，就像热能从高温物体传导到低温物体上一样。引力聚集物质的终点是黑洞，但是矛盾之处在于，黑洞既是完全有序的，也是完全无序的。它们的几何结构极其简单，具有非常高的对称性，它们也会吞噬并毁灭附近的所有物质。亚历山大图书馆的大火至少留下了被焚书本的灰烬，但如果地球和人类被吸入黑洞，唯一能够证明我们存在过的证据就是黑洞新增的质量。如果大爆炸产生的不是均匀的气体而是黑洞，宇宙秩序就不会产生，生命也不会诞生，更不会有亚历山大图书馆。

因此，既能塑造宜居秩序又能将其毁灭的引力，是无处不在的时间之箭的来源。时间的不对称性区分了昨天和明天、记忆和预期以及出生和死亡，而这种不对称性可以追溯到宇宙的诞生，准确地说是宇宙诞生之初极高的平滑性。但是，这种平滑性从何而来？难道我们要把它当作一个无法解释的初始条件吗？又一个大补丁？

我们在第12章提到过，某些亚原子粒子过程会略微地违背时间反演对称性，而这些粒子过程或许可以解释平滑性的来源。会不会是宇宙中的粒子本就随身携带着箭矢，并在大爆炸炽热的余辉中以某种方式将这些箭矢射向整个宇宙呢？可能是吧，但我认为不太可能。关于宇宙诞生时的平滑性，最常见的解释就是我们在第9章讨论过的暴胀。宇宙诞生之初，一场由反引力推动的暴胀精确地创造出近乎完美的均匀性。但这仍然不是最终的答案，因为它要求宇宙必须从一开始就进入暴胀状态。那么，暴胀又为什么会发生呢？到目前为止，科学界尚未在这些棘手的问题上达成共识。唯一可以肯定的是，"明天和昨天不一样"这一物质世界的最基本属性之一仍缺乏详尽的解释，它在我本人罗列的悬而未决的重大问题清单中名列前茅。

17.

黑洞会无限制扩张并吞噬整个宇宙吗?

在我的科研生涯中,我听过数千场演讲。1975年1月,我在牛津附近的卢瑟福·阿普尔顿实验室听的那场,是其中为数不多的具有历史意义的演讲之一。我对那场演讲记忆犹新,当时我坐在报告厅的后排,一边全神贯注地听着主讲人斯蒂芬·霍金用机械化的声音做演讲,一边试图理解其中的数学原理。

当时,霍金虽然在理论物理学界是大名鼎鼎的人物,但在普罗大众眼中还算不上一个名人。但这场演讲让他一鸣惊人,因为他解释了量子效应如何从根本上改变了黑洞的性质。简言之,霍金认为黑洞并不完全是"黑"的,它们会散发出热辐射,并会逐渐收缩,最终在一场喷射出无数亚原子碎片的爆炸中不复存在。这是一种耸人听闻的说法。

坦白地说，我起初对霍金的黑洞辐射理论持怀疑态度。我本人一直在研究黑洞的量子理论，但我用的是卡尔·施瓦西于1916年发现的那个著名的爱因斯坦引力场方程的解。我的研究表明，在事件视界周围存在一团量子能量云，不过由于施瓦西解描述的是一个永恒存在的黑洞，它在时间上是对称的；也就是说，没有能用于区分过去和未来的东西，因为没有任何东西会发生改变。因此，黑洞周围的能量云应当是静止的，它不会像霍金说的那样以热辐射的形式从黑洞中流出。

为了弄清楚这个矛盾的根源，我做了一些艰苦的研究工作。一个物质球（比如一颗恒星）会在震颤之后坍缩并变成黑洞，而霍金辐射理论的关键在于这一过程开始后的某个极其短暂的阶段。恒星的死亡（几乎是在一瞬间发生的灾难性事件）标志着黑洞的诞生，但恒星于弥留之际在量子真空中留下了些许微妙的痕迹，这会逐渐地瓦解黑洞的结构，并产生一直持续到黑洞灭亡的能量流。黑洞的寿命非常长，你很难相信一个在1微秒内产生的天体居然要过10^{68}年才会完全蒸发殆尽。

回过头看，霍金在那场演讲中提到的就是这些内容。我自己做的一个简单计算让我最终确信霍金的观点是正确的，这个计算描述了一个在没有任何引力场的情况下在真空中加速运动的观察者。因为加速度可以模拟引力，所以恒定的加速度可以模拟黑洞，这不过是一种数学上的简化。我由此发现了一个惊人的现象：这个不断加速的观察者会感觉到热量包围着他，这与黑洞周围的霍金辐射非常相似。1976年，威廉·昂鲁通过一次精确的计算证实了霍金的观点。他指出，在量子真空中加速的粒子探测器确实能够吸收能量，就像浸淫在热辐射中一样。

霍金的演讲点燃了物理学界的研究热情。此前，对引力场引发的量子效应感兴趣的物理学家很少，他们普遍认为引力场太弱，对任何事物都不会产生太大的影响，但此后它迅速成为理论物理学中研究最深入的课题之一。霍金效应确实非常微弱，但它的真正意义在于它不仅简单得出奇，还能发人深省。用于描述黑洞温度的霍金方程就像用于描述电子的狄拉克方程一样，仅凭寥寥几个符号，就为物理现实打开了一扇全新的窗户。另外，和狄拉克方程一样，我们也可以在威斯敏斯特大教堂中找到霍金方程（参见图13）。

虽然目前还没有人探测到黑洞辐射，但这一令人头疼的预测产生的深远影响很快就得到了证明。这些热量从何而来是我们第一时间就会想到的问题，答案是它来源于黑洞的质量。任何事物都无法从黑洞中逃脱，因此热辐射量子必然产生于事件视界之外。但它们又是如何从黑洞内获取能量的呢？这似乎是一个自相矛盾的问题。

我和我的同事威廉·昂鲁、斯蒂芬·富林共同致力于这一问题的研究，并且很快就找到了答案。黑洞内部不可能产生任何能量，因为事件视界是单向的，实际情况应当是负能量流

图 13　威斯敏斯特大教堂里用于纪念霍金的石碑，上面刻有他计算黑洞温度的方程

入黑洞。什么是负能量？在量子物理中，能量确实有可能小于零。当我们在绝对真空中应用量子物理定律时，由此产生的"量子真空"中会存在一些动荡，若隐若现的"虚"粒子不断地出现和消失。随着黑洞迫近，这些幽灵般的行为全部被扰乱，虚粒子不得不在受引力作用而扭曲的几何结构中盘桓。几何结构的扭曲会对它们的能量造成影响，使其总量比未扭曲时少。于是，负能量跨过事件视界，将负质量输送到黑洞大魔王的腹中。上述过程具有很强的平衡性：输入的负能量导致黑洞损失质量并不断收缩，这恰好抵消了通过霍金辐射散逸到宇宙

深处的能量。

相较而言，能量悖论更容易解决，但始终都还有一个棘手的谜团蛰伏在那里，霍金本人直到生命的最后一刻仍在苦苦思索该如何解开它。1978年，我和他一起参加了一场在波士顿举行的天体物理学会议，我们在酒店的房间里第一次探讨了这个问题。根据霍金效应，黑洞会变得越来越小，最终完全消失。这带来了一个问题：那些落入黑洞的物质怎么样了？它们是永远都找不回来了，还是总有一天会被吐出来？或者，它们的所有特征最终会以某种方式混杂在黑洞的热辐射中，变得难以辨认？又或者，在事件视界处会产生某种新的物理现象，使得所有情况发生根本性变化？总之，这一切都可以归结为信息的本质。在这里，信息指的是落入黑洞的物质所具备的特征。量子力学认为，信息永远不会丢失，而广义相对论提出了相反的论调。这两种理论对量子黑洞来说缺一不可，那么，在黑洞消失之后到底会发生什么呢？

虽然霍金在黑洞领域所做的研究针对的是天体物理学中的一个明确概念，但他也在宏观层面上解决了一些哲学乃至神学方面的问题。他一直宣称自己是严格的无神论者，但他的作品常会流露出一种爱因斯坦所说的"宇宙宗教感"。霍金在他自己的科学框架内赞美了宇宙的魅力和智慧，他认为无论宇宙看起来多么复杂、多么令人困惑，它的背后一定潜藏着和谐的数学统一性，甚至有可能是一个万物理论。

18.

物理学家能找到万物理论吗?

1980年，霍金被聘任剑桥大学卢卡斯数学教授，牛顿和狄拉克也曾担任此职。4月29日，霍金发表了他的就职演讲："理论物理的发展已经临近尾声了吗?"霍金指的并不是物理学可能会因为缺乏资金或人才而走向衰落，而是物理学将会取得极为辉煌的成果，以至于仅存的理论研究任务就是一些细枝末节上的修修补补。他并不是第一个做出这种预测的人。1894年，美国物理学家阿尔伯特·迈克耳孙宣称："物理学中较为重要的基本定律和现象都已经被发现，并深深扎根于整个物理学体系，它们被任何新发现取代的可能性微乎其微。"讽刺的是，1887年迈克耳孙本人做过一项至关重要的实验——测量地球在太空中的运行速度。在他得出结果为零后，物理学领域遭遇了一场大危机，最终导致爱因斯坦相对论的诞生。然而，霍金描绘的愿景比迈克耳孙等人的预测宏大得多，因为它不仅预示着物理学体系的完全竣工，还昭示着物理学将统一成万物理论。用霍金的话说，万物理论是一种"可以描述可能存在的所有物理相互作用的理论"。他大胆断言，这项终极任务也许在20世纪末就能完成。只可惜40年过去了，我们似乎离他设想的那个包罗万象的终极理论还很遥远。如果非要说取得了什么进展，那就是理论统一的难度增加了。

对宇宙大统一理论的探索可以追溯到2 000多年前，其源于古希腊哲学家在永恒和变化这两种观念上的冲突。以弗所的赫拉克利特说过"人不能两次踏入同一条河流"，可见以他为代表的学派主张世界处于不断变化的状态。而以埃利亚的芝诺为代表的反对学派认为，变化实际上是自相矛盾的，因为一个事物不可能转变成另一个截然不同的事物。此外，还有第三个学派——原子论学派，它代表了学术上的折中态度，其代表人物是德谟克里特和留基伯。他们认为，尽管物质非常复杂，但它终究是由简单的、不可分割的基本组分构成的，他们将其称为原子（atom，本意为"不可分割的"）。原子论者宣称，宇宙由原子和虚空组成。所有形式的物质都可以用原子的不同排列方式来解释，所有的变化也都可以通过原子的运动来解释。原子论虽然只是纯粹的哲学范畴内的思考，但它对物质结构和行为的解释基本上是正确的。原子论的影响远不止这些，除了对物质形式和转化的描述之外，它还指出理解一个物理对象或物理系统的最佳方式是将其粉碎并探明其组成部分，这种观点被称为"还原论"。粒子物理学家在过去的几十年里一直在做这样的事情。还原论是一种强有力的方法论，但我们在后文中将会看到，它无法完整地描述这个世界。

我们现在所说的原子并不是古希腊哲学家想象的那种不可分割的粒子，而是一种由原子核和绕原子核运行的电子组成的复合物。原子核由质子和中子组成，质子和中子又都是由夸克组成的，每个质子和中子各含有三个夸克。这种复杂性并不是无止境的，上述粒子加上中微子就足以解释大部分普通物质的组分。然而，奇怪的是，自然准备了三倍于此的库存：除了我们刚刚提到的粒子之外，还有两套完整的夸克和中微子，以及两种更重的高配版电子——μ介子和τ介子。而且，你需要把上述粒子的清单翻倍才能将它们的反粒子也囊括进来。除了中微子之外，这些后提到的粒子寿命都很短，不会产生什么显著影响。它们不是一般原子的组分，而是在爆炸过程中被喷射出去并迅速消失的亚原子碎片。

在粒子物理学领域，令人困惑的术语比比皆是。粒子的性质不仅包括自旋和电荷，还有同位旋、超荷、色荷、奇异性等。如果一个外行人听到一位粒子物理学家在旁边滔滔不绝地说话，他可能会觉得跟听保险经纪人或会计师说话没什么区别，因为他们说的都是难以理解的废话。但是，物理学家赋予他们心爱的粒子这么多种属性，不只是在练习记账，而是描述亚原子世界复杂的数理结构确实需要用到这么多参数。对物理学家来说，粒子动物园就是他们的乐土。尽管这些微小的粒子不一定都是完全个性化的，但至少会具备某些独特的属性和行为，以及与众不同的魅力（有一种夸克的名字就叫作"魅夸克"[①]）。这些粒子中有的轻有的重，有的长寿有的短命，有的带电有的不带电。还有一些粒子能以6种不同的方式衰变，衍生出种类极为丰富的后代，其中每种都具备迷人的内在属性。每位物理学家心目中通常都会有一种最偏爱的粒子，比如π^0介子、τ子中微子、Σ^-粒子，就像每位动物学家都有自己最喜欢的动物（比如裸鼹鼠、三趾树懒）一样。50年前，随着一种又一种新粒子被寻获，物理学界对粒子的研究热情达到了顶峰，但近年来有所消退。

　　若想建立万物理论，我们不仅需要列出宇宙中所有粒子的清单，还需要用于描述它们之间基本作用力的理论。物理学家已经识别出4种基本力：引力、电磁力、强核力和弱核力。我们可以在数学上将电磁力和弱核力绑定在一起，形成一种混合的"电弱力"，其中一种力的性质与另一种力的性质密切相关。这种联系得以建立，其关键在于一种刚被发现的粒子——希格斯玻色子。20世纪60年代，彼得·希格斯等人率先预测了这种

---

① 魅夸克（charm quark），也译作"粲夸克"。——译者注

粒子的存在，2012年大型强子对撞机终于制造出了希格斯玻色子。这是迄今为止最后一次取得的有关基本粒子的重大发现，并且令人信服地将4种基本力缩减为3种。

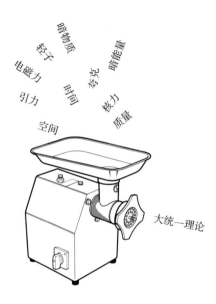

图14　物理学大统一理论。科学的最终目的是发现事物之间那些出人意料的联系：牛顿发现了将行星、彗星的轨道与地球上物体的运动联系起来的基本定律；爱因斯坦将时间与空间、质量与能量、引力与几何结构联系起来；19世纪，詹姆斯·克拉克·麦克斯韦发现了电与磁之间的联系；20世纪60年代，电磁力又将弱核力囊括其中。如此深究下去，会不会宇宙万物之间都存在联系呢？终极的大统一理论是每位物理学家的梦想

在量子效应占主导地位的微观层面上，力是通过部署粒子的方式产生作用的。这些粒子就像信使一样，把力的作用从一个物质粒子传递到另一个物质粒子。光子负责传递电磁力，负

责传递强核力的是一系列名为胶子的粒子（之所以给它们取这个名字，是因为它们能像胶水一样将夸克粘在一起）。相比之下，弱核力粒子的名字就显得有点儿草率了，它们叫作W和Z玻色子。引力对应的是引力子，它传递引力的方式和光子传递电磁力的方式一样。我最感兴趣的是引力子，因为目前还没有人发现这种粒子。相较于其他几种作用力，引力的作用非常弱，我们在单个亚原子粒子中探测不到它的作用，这给寻找引力子存在证据的任务设置了巨大的障碍。量子理论认为引力子一定存在，但我们如何才能找到它呢？

我们在上文中提到的一大堆粒子，包括电子、中微子（数量乘3）、两种夸克（数量乘3）、光子、W和Z玻色子、8种胶子以及著名的希格斯玻色子，它们共同构成了粒子物理学的标准模型（参见表1）。该模型能够很好地描述亚原子世界，但所有人都觉得这并非最终的结论。首先，电弱力和强核力还未实现统一，所以标准模型不是一个完备的理论；其次，它还忽略了一些非常基本的东西，比如引力子；再次，标准模型几乎没有说明为什么中微子的质量不为零（尽管中微子的质量非常小），它也没有说明是什么导致了炽热的早期宇宙中物质和反物质的不对称性；最后，关于暗物质的本质，标准模型也没有给出答案。这些缺陷意味着，我们往往会高估标准模型的作用。①

①　2021年4月，有人宣布μ介子（电子的表亲，比电子重一些）的磁场似乎与标准模型的预测略有偏差，这预示着物理学将再次迎来新进展。

表 1 粒子物理标准模型中的基本粒子

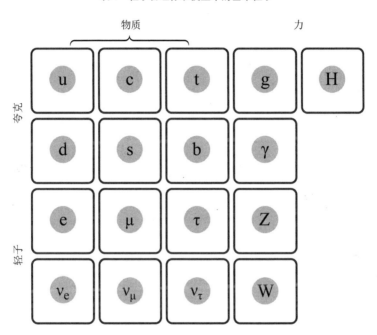

普通物质是由第一列的4种粒子构成的，包括上夸克（u）、下夸克（d）、电子（e）及与之对应的电子中微子（ν_e）。第二列、第三列的粒子与第一列的粒子性质相近，只不过比后者更重，也更加不稳定。第四列、第五列是传递力的粒子，包括胶子（g）、光子（γ）、W和Z玻色子以及希格斯玻色子（H）。6种夸克能以多种方式相互结合，产生复合粒子，其中最常见的是质子和中子

　　霍金在1980年的演讲中设想的是一种完全的统一，他想在数学上找到一个完美的方案，能将每种粒子和作用力融为一体，甚至是一个能直接印在T恤上的公式。多年来，不少富有想象力的备选理论曾被寄予愿望，但它们无一例外都失败了。完全的统一需要能将物质粒子和传递力的粒子结合起来的方程，但其中存在一个巨大的问题。物质粒子的自旋为2，这意味着它们需要旋转"两周"才能恢复原样，而载力子的自旋为1。要把它们统一到一个理论中，就像把粉笔和奶酪搅拌在一起一样。不过，数学中有一种巧妙的解决方案或许可行，那就是超对称性，物理学家一直深深着迷于它的简练和优美。不可否认，超对称性在理论上是可行的，但它预测了大量尚未被发现的新粒子和奇特粒子。在大型强子对撞机刚刚建成的时候，物理学家以为这些超对称粒子将最先被发现，但到目前为止我们还没有找到证明它们存在的蛛丝马迹。或许是因为大型强子对撞机还不够强大，无法制造出这些粒子，或许是因为自然并不具备数学上的美感。

　　最有希望达成完全统一的理论是弦理论（也叫M理论），物理学界对它可谓相当痴迷。该理论的基本思想是，正如古希腊原子论者所说的那样，世界确实是由某种基本的、不可分割的实体构成的，但这种实体并不是粒子，而是极小的弦。我得强调一下它到底有多小：它的大小约为一个质子的10^{20}分之一，任何实验设备都不可能捕捉到这样的东西。弦具有张力，所以它们会像琴弦一样振动。我们在实验粒子物理学的较大尺度上观察到的不同粒子和作用力，对应着弦的各种振动模式。

到目前为止，弦理论每一步都踏在正确的道路上，它也做到了将超对称性和引力囊括其中，令人非常信服。然而，要让这个解决方案奏效，弦就必须存在于三维以上的空间中。例如，有人提出弦处于九维空间，我们看不到其他6个维度是因为它们卷缩成非常小的尺度。这是什么意思呢？想象一下前方很远处有一根水管，它看起来就像一条歪歪扭扭的线，但仔细观察的话你就会发现，这条线上的每个点其实都是一个水管周长大小的圆（参见图15）。从这个类比中我们可以推断出，假设三维空间中的每个点都是四维空间中的一个小小的圆（其尺度为质子大小的10^{20}分之一），毋庸置疑，我们永远都不可能

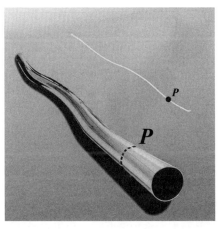

图15　如何隐藏空间中的一个或几个维度？从远处看，水管就像一条歪歪扭扭的线；但走近之后你就会发现，这条线上的P点实际上是水管周长大小的圆

看到这样的结构。

　　我们可以通过这种方式将任意数量的维度卷缩起来，当需要卷缩的维度超过一个时，我们就会有很多种尝试的方式。例如，两个维度既可以卷缩成一个球面，也可以卷缩成一个中间有洞的甜甜圈（环面）。数学家将这两种不同的方式称为两种"拓扑"。当需要让6个额外的维度全部卷缩起来时，拓扑的种类就会多到惊人，我们需要用全新的数学方法对这些拓扑进行分类，以及确定它们的性质。在物理学家的脑海中，弦存在于这些高维迷宫中，就像游走在错综复杂的回音室中一样。历史似乎又回到了原点。古希腊人将音乐与和弦融入宇宙，歌颂"天体音乐"的美妙动人；而今天的弦理论物理学家同样在一丝不苟地调校着微观世界的音乐与和弦。

　　起初，物理学家满心期盼着弦理论可以描述真实的物理世界，并将所有已知的粒子和力融为一体，甚至能将力的强度和粒子的质量解释清楚。但现在，没有人再这么想了。事实上，弦理论似乎能产生无穷多个可能的世界。这意味着它没有用了吗？并非所有理论物理学家都对弦理论的含糊不清感到绝望。彼之砒霜，我之蜜糖。一些物理学家正在想方设法地证明确实存在一大堆不同的平行宇宙，他们这样做正是为了解释清楚我们所处的宇宙。

　　我在本章罗列了一张枯燥的粒子清单，一些问题也相伴而来。除了粒子的质量、电荷和自旋之外，还有没有其他更深层次的原因，使得这些粒子以那样的方式排列在清单当中？为什么基本力的数量是4种（实际上应该是3种），而不是5种、50种或500种？它们还有什么别的特征？μ子和τ子在很短的时间内就会消失不见，既然电子本身就够用了，它这两个稍重的表亲存在的意义是什么？会不会存在一种抽象的数学方法，能将这些亚原子碎片融合成一个大统一理论（可能是弦理论，也可能是下一代物理学家灵光一闪提出的新理论）？宇宙也许只是一个由五花八门的组分随机拼凑而成的大杂烩，却足以使我们这些善于思考的生命存在其中？

19.

原始宇宙的化石讲述了怎样的故事?

宇宙学黄金时代的开端是一张图片，而且是一张平平无奇的图片。宇宙背景探测器拍摄的那张模糊不清的天空全景图（参见图1），完全无法与哈勃空间望远镜拍摄的图像或其他空间探测器拍摄的高分辨率行星特写相提并论。虽然这张图片在视觉上缺乏吸引力，但它的重要性足以弥补这一点，因为我们可以从中真切而直接地观察原始的宇宙熔炉。宇宙诞生时发出的光经过了137亿年的长途跋涉终于来到我们面前，而它在这段旅途中几乎没有受到干扰，这意味着宇宙微波背景其实就是宇宙的化石（光的化石）。诚然，这种光的波长已经被拉伸了1 000倍，但它优美的轮廓和光谱的纯净让它颇具辨识度。古生物学家通过研究化石，试图重建听起来比较合理的叙事，但在这个过程中仍有很多猜测的成分。这就是鲜活的宇宙微波背景和腐烂的化石之间的区别，所以古生物学家无法像天文学家那样直接观察到宇宙的诞生。

当然，宇宙微波背景并不是宇宙诞生之初的遗迹，它产生于大爆炸发生的38万年后，这段时间的长度大约是宇宙年龄的0.003%。换句话说，我们可以回顾宇宙一生99.997%的时光。不可否认，这确实非常了不起，但我们能更进一步吗？传统的射电望远镜和光学望远镜对此皆无能为力，因为在那之前宇宙是一个不透明的炽热等离子体。就像我们无法看到太阳内部一样，我们也无法看见那时的宇宙。但望远镜并不是宇宙考古的唯一途径，化学元素的化石同样是产生于远古时期的重要遗迹。核物理学家乔治·伽莫夫认为，如果原始宇宙的温度高达几亿开氏度，就会引发一系列核反应，我们从周遭的化学元素中找出当时的产物也成为可能。20世纪60年代，天文学家开始尝试详细地重建核反应的过程。根据他们的计算，在大爆炸发生后的1秒钟内，宇宙的温度实在太高，原子核根本无法存在，宇宙中充盈着用自由的中子、质子、电子和中微子炖出来的浓汤。随即宇宙冷却到足以使中子和质子开始相互作用、反应、结合并重新排列，这一阶段持续的时间不长，只有短短几分钟。一旦温度降到1亿开氏度以下，核反应就会停止，此时氦约占原始物质的1/4，剩下的几乎全是氢，还有少量的氘。

这些数字与天文观测的结果十分吻合，因此，氦元素①可被看作宇宙诞生3分钟后形成的宇宙化石。

受到这一成功之举的鼓舞，宇宙学家找到了更古老的化石——中微子。在炽热的早期宇宙中，这种粒子被大批量地制造出来，由于它们与普通物质的相互作用非常微弱，它们可能在大爆炸发生后的1秒钟左右就开始不受限制地向我们这里传播。跟宇宙微波背景一样，宇宙中也应该有中微子背景——准确地说，每11个宇宙微波背景光子对应4个中微子。中微子的数量大约是原子数量的数十亿倍，这意味着物质宇宙同样浸淫在中微子的海洋中。尽管原始中微子团对宇宙的膨胀产生了可探测的引力制动效应，但单独探测某个中微子的效应似乎行不通，因为它们对物质的影响实在太小了。不过，每秒钟约有数以万亿计的宇宙中微子化石会穿过我们的身体，虽然它们不会对我们造成什么伤害，但细想一下还是有些令人毛骨悚然。

20世纪80年代，随着宇宙暴胀理论的发展，我们在宇宙史上又迈进了一大步，我本人的研究也起到了锦上添花的作用。我在第9章中提到过，暴胀理论的基本思想是，宇宙在诞生后不久突然变得非常大，这正是量子效应大显身手的时候。巧合的是，我的一个学生蒂莫西·邦奇算出了量子真空在这一条件下的性质——真空中充满了正在逐渐消失的能量。暴胀理论火

① 气球爱好者请注意，我们现在使用的大多数工业用氦气来源于地球的放射性衰变，而不是大爆炸。

爆起来后，理论物理学家运用邦奇–戴维斯真空，计算当暴胀结束时宇宙中会留下什么样的量子密度涨落模式。几年后，他们发现这些预测结果和宇宙背景探测器拍摄的图片是匹配的。之后，欧洲航天局发射的一颗名为普朗克的卫星拍摄下分辨率更高的图像。之前我们拍到的全天图像具有很高的一致性，现在的结果同样维持着较高的一致性。如果暴胀理论是正确的，宇宙早期的量子涨落应该会明明白白地在天空中显现出来，让所有人都看得到。1990年1月14日，一张布满彩色斑点的图片登上了全世界各大报纸的头版，那些斑点就是宇宙诞生后不久留下的化石。

这段荡气回肠的故事还有后续情节。广义相对论描述了空间膨胀背景下的场（比如电磁场），邦奇和我所做的量子计算也简单考虑了其中一部分因素。我们忽略了引力本身的量子性质，因为目前还没有合适的理论去解释它，但物理学家长期以来一直致力于探测具体引力场的量子效应。虽然量子引力理论是一个发展中的研究领域（弦理论就是量子引力理论的一种），但我们掌握的证据足以计算出发端于暴胀阶段的量子引力效应会有怎样的特征。它会在宇宙微波背景的斑点中显示出一种独特的扭转图样，尤其是极化图样。因此，当南极的一架特殊望远镜于2014年在南极上空的一片天区中发现了这样的图案之后，整个物理学界都为之精神振奋。遗憾的是，我们后来发现这个结果其实是由银河系中的前景尘埃造成的，而不是从宇宙

诞生之初就存在的。古宇宙学这一鲜为人知的研究领域仍处于
起步阶段，量子引力效应还有待探索。

图16 从理论上讲，宇宙微波背景周围的电磁辐射应当显示出某种独特的极
化图样，其中可能包含与大爆炸发生后宇宙的早期阶段有关的线索。图中的
线条表示极化的方向

量子引力的圣杯

量子力学和爱因斯坦的广义相对论是20世纪物理学最伟
大的成就。不幸的是，这两种理论互不相容。

量子力学成功地解释了4种基本作用力中的3种，其中以
对电磁力的描述最为出彩。量子力学把带电粒子之间的力看作
光子（光的量子化形式）交换的结果，但引力的机制并不是
这样的。我们可以尝试以同样的方式将量子力学应用于引力，
即把引力的作用看作"引力子"（引力场的量子化形式）的交

换。但是，基于广义相对论的计算很快就会陷入困境，产生一系列无穷无尽或毫无意义的答案。当然，我们还可以运用其他巧妙的方法修改引力理论，以规避这个问题，弦理论就是其中之一。

更大的难题在于，即使我们找到一种只会得出有限答案的理论，量子引力效应也可能会非常微弱，以至于我们很难探测到它。物理学家一般认为，显著的量子引力效应会在10^{-33}厘米这一微小的尺度上显现出来，这个尺度被称为"普朗克长度"，它是以马克斯·普朗克的名字命名的。普朗克长度约为质子尺度的10^{20}分之一，这也是弦理论中的弦所处的尺度。与之相对应的时间尺度是10^{-43}秒，我们称之为普朗克时间。如果这个预测是正确的，那就意味着在这些超微观尺度上，空间本身的性质与我们见到的几乎全然不同，也许是一团瞬息万变的旋涡。当一个黑洞蒸发到普朗克尺度大小时，它的行为可能会在一些重要方面发生未知的变化。同样地，在目前缺乏公认的量子引力理论的情况下，对普朗克时间之前的宇宙是什么样，我们知之甚少。

这并不意味着我们要停止搜寻其他宇宙化石，或许物理定律本身就是原始宇宙时期的化石。正如我在上一章的结尾所说，许多已知的基本力特征都没有什么规律可循，亚原子粒子的清单也没有什么内在的逻辑。一些物理学家坚称，这些问题本就没有原因，不过是宇宙"饼干"的碎裂方式罢了。宇宙中确实充满了"冻结机遇"[①]，比如地球的大小、月球上环形山的形状和太阳系中行星的数量等。同样的道理也适用于亚原子粒子的质量和它们之间相互作用力的强度，甚至适用于基本力的种类和空间维度的数量。当宇宙开始冷却时，这些东西可能会随机出现，没有什么深层次的原因可解释它们为什么会是这个样子。它们只是偶然事件，在创世的高温中锻造出来后冻结成我们现在看到的样子。如果是这样，物理定律可能就是宇宙史上最早的时间胶囊。

用物理学成功地解释宇宙诞生的那一刻发生了什么，这一定是人类最伟大的成就之一。然而，我们仍要追溯宇宙的终极起源。我们确实很好地解释了宇宙诞生之后发生的事情，但宇宙起源本身呢？科学对此有何解释？

---

① 弗朗西斯·克里克于1968年提出了冻结机遇假说（frozen accident theory），旨在解释一些复杂系统中存在的偶然性事件。——译者注

20.

宇宙到底从哪里来？

　　小孩子总会不厌其烦地问：婴儿到底是从哪儿来的？大多数情况下，他们的父母都会含糊其词、敷衍了事。令人吃惊的是，在显微镜发明之前，没有人知道这个问题的答案。事实上，在信奉基督教的欧洲，这是个颇具争议性的敏感话题，因为教会时常教导人们，只有上帝才能带来新生命。直到1677年安东尼·范·列文虎克发现了精子细胞，人们才对受精、受精卵、胚胎发育这一系列故事有了完整的了解。

　　总的来说，科学可以将很多有关起源的问题解释清楚，比如婴儿、飓风、山脉、行星、恒星等。但宇宙的起源呢？它是从哪里来的？是什么导致了它的诞生？科学推理在如此宏大的问题上依然有效吗？

　　有关宇宙起源的解释可分为两大类：第一类，宇宙是无中生有的；第二类，在宇宙诞生之前一定存在着某种东西，它可能不是我们现在看到的宇宙，但也不会什么都没有。从逻辑上讲，这两个答案中必然有一个是正确的。在我的科研生涯中，我一直在这两者之间举棋不定。在我十几岁时，假设宇宙没有开端的稳恒态理论风靡一时。当我开始从事宇宙学研究时，认为宇宙起源于过去某一时刻的大爆炸理论的风头又完全盖过了稳恒态理论。虽然大爆炸理论很成功，但很少有宇宙学家愿意回答大爆炸是如何发生的，以及大爆炸为何会发生等令人尴尬的问题。他们大多数人只是简单地宣称，这些问题已经超出了科学的范畴，也不是宇宙学家能完成的工作。"还是把它们留给哲学家吧。"宇宙学家常会这么说。

　　那么，哲学家对这些问题有什么看法呢？他们的相关讨论并不多。1948年，20世纪最重要的科学哲学家之一伯特兰·罗素与英国牧师弗雷德里克·科普尔斯顿在英国广播公司（BBC）进行了一场辩论，其间谈到了有关上帝和宇宙起源的问题。这段悲观的对话如下：

　　　　科普尔斯顿：……但是，罗素勋爵，难道你认为探寻世界起源的问题是不合理的吗？

　　　　罗素：是的，这就是我的立场。

　　　　科普尔斯顿：如果你认为这个问题没有任何意义，我们讨论这个问题就会变得很困难，对吧？

罗素：是的，很困难。你看接下来我们讨论别的问题，如何？

罗素并不是在逃避问题。为宇宙探寻起源的传统观点确实存在着根本性问题，它隐含着这样的前提：在大爆炸之前存在着某种促使其发生的东西。但如果大爆炸标志着时间的起源，情况就不会如此了。时间始于宇宙的观点是由5世纪的基督教神学家希波的圣奥古斯丁提出来的，他宣称："世界并非诞生于时间之内，而是与时间一同诞生的。"这种策略是为了规避一个棘手的问题，即上帝创造宇宙之前在做什么。奥古斯丁认为时间是物质世界的一部分，所以它与物质世界一同诞生。

空间和时间可能具有边界（奇点），而在这个边界之外什么都不可能存在，这是现代引力理论的一个不可或缺的特征。弗里德曼在1921年基于广义相对论做出的有关宇宙膨胀的分析中，就有一个奇点。在他看来，宇宙在密度无限大、膨胀无限快的状态下突然形成，这意味着空间（或时间）在大爆炸之前是不存在的。（根据施瓦西求得的广义相对论方程的解，黑洞中心也有一个奇点。）不过，在长达几十年的时间里，奇点起源理论并未得到重视，因为弗里德曼模型太简单了，它描述的是一个完全平滑的宇宙，所有物质一开始都被压缩在一个点上。也许不太规则的分布可以避免奇点的产生？ 20世纪60年代末，罗杰·彭罗斯和斯蒂芬·霍金通过巧妙的数学分析证明，宇宙诞生之初的某种奇点无法通过空间几何结构或宇宙物质分布的微小变化来避免。这些定理极为稳固，衍生出一个探索奇点的形成及其结构的研究领域，并使彭罗斯于2020年当之无愧地获得了诺贝尔物理学奖。[①]谁能想到"无"的边界竟然是一片数学复杂性的沃土呢？

　　如果时间在大爆炸之前不存在，大爆炸的物理成因这个概念就没有任何意义。正如霍金所说，问大爆炸之前有什么，就像问北极以北有什么一样。答案是"无"，并非因为那里有一片神秘的"无物之地"，而是根本没有"北极以北"的地方。同理，也不会有"大爆炸之前"的地方（或时间）。就像北极以北是"无"一样，大爆炸之前也是"无"。

　　20世纪80年代，在霍金和詹姆斯·哈特尔的共同努力下，大爆炸之前是"无"的概念发展到了极致。他们努力地解释，在不违背物理定律的情况下，"无"中何以生"有"。为了完成这项工作，他们选择求助于神奇的魔法盒——量子力学。人们早就认识到，时间具有一个无法再分割的最小间隔：在一个足够短的时间尺度（普朗克时间）上，量子过程会让一些奇怪的事情发生。粒子物理学家经常会探测仅持续10^{24}分之一秒的反

---

① 遗憾的是，霍金于2018年3月14日去世，而诺贝尔奖一般不会授予已故者。——译者注

应，截至目前尚未发现与时间本质相关的异常现象。但从理论上讲，如果时间切片能达到10^{42}分之一秒，时间的概念就会被打破。如果时间无法平滑地追溯到宇宙起源那一刻，时间在某一奇异时刻突然"开启"的问题就能得以规避。时间也许是自某个模糊的量子"前时间"开始"凝结"的，哈特尔和霍金通过基于量子引力的精确计算证明了这一思路。尽管有许多科学家认为他们的模型只是数学上的小把戏，但哈特尔和霍金至少证明了在物理定律的框架内对宇宙年龄有限之事做出解释的可能性，并且不会涉及奇迹或奇异性起源事件。如果这一基本思路确实行之有效，我们就能循着历史记录一直追溯到时间消失不见的时候。无论如何，那都是历史的尽头。

像哈特尔和霍金这样基于物理定律来解释宇宙起源问题，相当于默认了这些定律在某种意义上是"已然存在"的，正是它们的存在使宇宙得以无中生有。一些怀疑论者可能会说："宇宙并不是从无中诞生的，因为物理定律在大爆炸之前就存在了！"但这种说法不正确，因为根本没有"之前"这个概念。更准确地说，物理定律超越了空间和时间，它们不是物理宇宙的一部分，而是存在于数学领域。一些杰出的科学家确实秉持这种观点，他们认为物理定律是物质存在问题中最主要的实体，它们具有在内部创造宇宙的能力。另一些科学家则持不同观点，他们认为不能将物理定律视作独立于物理宇宙存在的"东西"，并宣称物理定律是必然诞生于宇宙起源之后的物理实体之间的关系。但我们做不到两全其美：要么物理定律在宇宙诞生之前就"已然存在"，这能合理地解释物理宇宙从无到有的转变；要么物理定律和宇宙同时出现，形成了我们现在看到的东西。

　　上述内容可能令你晕头转向、迷惑不解，不过别担心。哈特尔和霍金的论文发表后不久，宇宙学家就开始思考一个问题：也许大爆炸根本不是时间的开端。

21.

究竟有多少个宇宙？

在"宇宙重大问题清单"当中，最大的问题应该是：究竟有多少个宇宙？这个答案不会是像"153个"这样随意的数字，而应该是1个、2个或无穷多个。我们可以确定至少有一个宇宙。在第12章，我提到用反世界的概念来平衡我们身处的世界，这样一来答案就应该是2个。那么，"无穷多个"又该怎么解释？如果大爆炸是自然事件，它肯定发生不止一次吧？会不会在空间和时间中散布着很多次大爆炸？这个观点很有说服力，我认识的大多数宇宙学家都认为存在无穷多个宇宙。

对暴胀理论而言，这种情况并不奇怪。最初的暴胀理论描述的是，反引力在一场爆炸之后席卷了新生的宇宙，使其剧烈地暴胀，同时消除了之前的混乱。此后，暴胀停止，宇宙继续书写着大爆炸的故事。但如果暴胀抹去了和宇宙的过去有关的所有痕迹，我们又如何知道宇宙有开端呢？大爆炸可能是在暴胀之后发生的，如果是这样，那么在暴胀之前发生了什么？也许是更多次永恒的暴胀。永恒是一段很长很长的时间，如果存在从永恒暴胀的状态中退出并演变成正常宇宙的可能性，无论其概率有多小，我们身处的宇宙就不可能是唯一的宇宙。从上帝视角看永恒暴胀过程，你会发现整个系统在没完没了、无休无止地暴胀。但在这个超结构中，宇宙会随机地从暴胀区域中分离出来，就像汽水中的气泡。

自从20世纪80年代永恒暴胀理论被提出，有关它的研究热度就在稳步上升，一个重要的原因在于，它能够避免"宇宙万有生于无"的棘手问题。其基本思路很容易让人联想到稳恒态理论，不过永恒暴胀不仅会创造出物质粒子，而且会形成一连串气泡般的宇宙。每个"气泡"都始于一场大爆炸，并且会经历完整的生命周期，包括开端、发展和结束。但整个系统是永恒的，而我们一直以来所说的"宇宙"实际上只是"我们的宇宙"，是一个更广阔、更复杂的"多元宇宙"的一分子。

其他"气泡"在哪里？绝大多数宇宙学家认为，它们距离我们太过遥远，以至于我们根本无法观测到它们。在最简单的多元宇宙中，"气泡"彼此分离的速度要比它们各自膨胀的速度快得多，所以我们的宇宙不会有撞到另一个宇宙的风险。然而，某些条件下的多元宇宙中确实会存在宇宙彼此

相撞的问题，这是一个足以引起恐慌的预测，我们稍后再做
讨论。

虽然多元宇宙理论的吸引力毋庸置疑（比如，它能够回
避单一宇宙奇迹般的诞生问题），但它本身也伴随着一些令人
坐立难安的哲学问题。如果真的存在无穷多个宇宙，那么总会
有这样一个宇宙：它的各个方面都和我们的宇宙相同，包括与
你我完全一样的复制品。而且，这样的复制品可能也有无穷多
个。简言之，在具有统一的定律和条件的无限宇宙中，只要一
个物体有存在的可能性，它就会存在，并且有无穷多个，其中
包括像你我这样的生物和我们的所有生活经历。这意味着在
一个无限宇宙或无限多元宇宙中，会有无穷多个其他的"你"，
而这些"你"的方方面面都完全相同。此外，每个完全相同的
"你"还对应着更多个十分相似的"你"。

为了帮你直观地理解上述令人眼花缭乱的内容，我们以
抛硬币为例进行解释。连续100万次抛出正面向上的概率是多
少？非常非常小，但不严格为零。然而，"不严格为零"在无
穷大面前毫无抵抗之力。抛硬币无穷多次，连续100万次抛出
正面向上的情况一定会出现，而且出现不止一次，而是无穷多
次。连续抛出10亿次或1万亿次正面朝上的情况同样如此。如
果你认为生命是一张彩票，而你是中了头奖的人，那么同样的
头奖也必定会在其他地方、其他时间开出。

当然，如果宇宙只是非常大而不是无穷大，上述推论就

不再适用。计算宇宙到底要有多大才能容纳另一个"你"，这并不难。为了安全起见，我们讨论的不是只能暂时存在的复制品，而是包括我们所有的生活经历在内。我们应该考虑到整个可观测宇宙的精确复制问题，因为宇宙的任何一点儿变化都会对人类产生干扰。宇宙学家马克斯·泰格马克计算出了我们需要探索多大的空间，才能找到一个与我们的宇宙精确匹配的"宇宙2.0"，他的答案是我们大约需要向外探索 $10^{10^{120}}$ 米，这是一个极其夸张的数字。相比之下，我们可观测的"宇宙1.0"的纵深大约只有 10^{25} 米。面对如此庞大的数字，显然我们不太可能碰到其他的"我们"。不过，大多数人可能会觉得，哪怕只是知道这样的复制品确实存在也会令人相当忐忑不安了。究竟哪一个才是"真正的我"？

这种数值巨大的计算有一个讨论广泛的变式，也就是将其运用于无限的时间而不是无限的空间。如果宇宙注定永存，就一定会有足够的时间从零开始构建另一个"你"。前文中提到过量子真空，那是一个空荡荡的空间，里面充满了仅能存在须臾的粒子，它们会随机地出现和消失。但"随机"意味着总有这样一种可能性（尽管非常小）：量子真空中存在的不只是一大堆虚电子、虚夸克、虚中微子和虚光子，还有一些更结构化的东西。从理论上讲，量子真空可以创造出任何一个人（或一个人的大脑），尽管这个不幸的人可能很快就会消失在量子的泥潭中，也感受不到多少快乐。这个看起来有些怪异的研究对象甚至拥有一个庄重的名字——玻尔兹曼大脑，它是以路德维希·玻尔兹曼的名字命名的，玻尔兹曼率先提出无限宇宙的随机排列中可能包含一个人。

为了避免这种令人惶恐的情况，我们可以抛弃无穷的概念。因为无穷总会带来如此棘手的后果，所以这个概念一直令科学家深感不安。也许无穷在数学中扮演着重要的角色，却难以在宇宙中觅得一席之地。一些宇宙学家对此也有争论。我们很难通过观测来解决这个问题，因为我们只能在有限的范围内进行测量。我们的意识可以感知无穷的概念，但我们在现实中从未见过真正的无穷。它是一种理想化的概念，在计算的过程中能发挥一定的作用，但它是否适用于现实世界仍然存疑。

哲学上的讨论到此为止，那么科学上的讨论呢？有没有证据能够证明多元宇宙的确存在？可能有。第19章提到过，我们现在认识到的物理定律有可能是大爆炸时期的化石。我们更熟悉的恐龙化石可以分成很多不同的种类，比如雷龙、三角龙等。如果物理定律确实是一种化石，在其他气泡宇宙中可能就会存在不同的物理定律。如果"宇宙实验"无休无止地重复进行下去，不难想象，每个气泡宇宙都会拥有一套属于自己的物理定律，每种变化和可能性都会在某个地方真实存在，并且有无穷多个。

宇宙只是一个假象吗？

1641年，哲学家勒内·笛卡儿提出了这样的观点：宇宙可能只是一个假象，它是由一个狡猾又恶毒的恶魔编造出来欺骗我们的。随着人工智能和越来越逼真的虚拟现实技术的出现，这一思想重新焕发出生机。如果你相信意识是物理过程的产物，只要有足够的资源，就一定能在电脑中模拟出这些过程，并创造出一个虚拟世界供虚拟生物居住，就像《黑客帝国》电影中的情节那样。许多科学家和哲学家都认为这种观点是有道理的。那么，我们如何才能确定我们的宇宙是真实的，而不是由某台超级计算机模拟出来的？这个问题给多元宇宙理论带来了一个有趣的转变：如果虚拟宇宙比真实宇宙更容易创造，那么虚拟宇宙的数量可能会远远超过真实宇宙，所以大多数有意识的人其实都生活在虚拟世界中。

既然我们受到这个宇宙的物理定律的束缚，我们如何才能获得其他宇宙中存在不同的物理定律的证据呢？这是一个基于当下统计数据的粗略推理，我来打个比方，以便你更好地理解这个问题。美国的熊是棕色或黑色的，而加拿大最北部的熊是白色的，即北极熊。关于北极熊为什么是白色的，有两种不同的解释。其中一种解释是，它们只是运气好，并且幸运地生活在白雪皑皑的环境中。另一种解释是，起初加拿大最北部生活着大量不同颜色的熊,而演化为生活在冰天雪地环境中的它们选择了最适于生存的颜色。在科学上,好运气有时候是正确的解释,但如果幸运到令人生疑,那么我们很有可能忽略了某个选择过程。同理,如果我们宇宙的物理定律中确实有一些特殊的、不同寻常的或显得我们异常幸运的东西,我们就有可能找到有关多元宇宙理论的证据。到底有没有这种东西呢?

22.

我们的宇宙恰巧是那个幸运的金发姑娘吗？

我给大家讲一个故事。故事的主人公是一个人生陷入困境的人，他的生意破产了，妻子也因此离开了他，更糟糕的是，他把刚刚涂好黄油的面包片掉落在地毯上。他沮丧地低下头，却惊讶地发现，虽然面包掉在地上，但涂有黄油的一面朝上。这是他运气好转的征兆吗？他小心翼翼地拾起这片面包，把它装进密封袋中，然后急匆匆地赶去见牧师。"神父，"他把面包片递给牧师并问道，"这是不是代表我的好日子就要来了？"牧师拿起放大镜仔细地观察这片面包，并且建议那个人一小时后再回来。那个人回来之后又问了一遍："神父，我的运气开始好转了吗？""并没有。"神父忧愁地摇着头说，"是你把黄油涂错面了，仅此而已。"

　　我们之所以会觉得这个故事有趣，是因为我们都有一种本能的欲望，那就是探寻平凡生活的细枝末节隐含的深刻意义，占星术、神秘主义和宗教都能在一定程度上满足人类的这项基本需求。我们是在自欺欺人吗？这是一种无所不在的危险。在一群科学家声称他们发现了物理定律的一些小细节中隐藏的意义之后，科学史上最尖锐的分歧之一产生了，这场疾风骤雨般的斗争直指人类在这台宇宙大戏中的核心地位。

　　这场争论始于20世纪50年代，当时霍伊尔试图探明碳（构建生命的元素）是如何通过核碰撞在恒星内部形成的。这乍看起来似乎是不可能的，两个较轻的原子核融合后不可能形成碳原子核。但碳是十分丰富的元素，所以一定存在一条可以成立的反应途径。霍伊尔猜测，在原子核的状态排列中，一定存在着某种巧合，能使3个氦核在非常偶然的情况下相遇并形成碳核。最终，他的想法得到了实验的证实。"这看上去就像一个超级智能在玩弄物理定律。"他后来写道，并指出如果核力的强度比现在稍强或稍弱，这种巧合就不会发生，宇宙中也不会有碳元素，更不会有生命存在。在霍伊尔看来，宇宙似乎是"一件经过设计的作品"。在此基础上，一些物理学家和天文学家着手搜寻其他物理定律的细节，试图找到更多的例子来证明宇宙的面包片是涂有黄油的一面朝上掉在地毯上的。如果引力稍弱或电子稍重，会怎样呢？如果宇宙膨胀得再快些或再慢些，又或者大爆炸再热些，又会怎样呢？就生命的存在而言，其中的某些变化是无关紧要的，而有些变化则是致命的。

随着顺应我们心意的巧合越来越多，科学家开始感到些许不安。就像《金发姑娘和三只熊》的童话故事一样，我们的宇宙似乎"刚好"适合生命生存。这看起来就像天意一样，又是一个大补丁。随后，一个便利的解释出现了：多元宇宙。[①]在由多元宇宙的创造机制产生的无穷多个宇宙中，必定有一部分宇宙具备适合生命存在的物理定律，这表明这些物理定律的出现充满了偶然性巧合？显然，我们不可能发现自己竟然生活在一个不适合生存的宇宙中，因此这个宇宙具有反常的生物友好性实在不足为奇。正是我们的存在选择了这样的宇宙。

这种类型的解释在科学上很少见，并引发了激烈的争论。有些梦想着找到万物理论的物理学家痛恨多元宇宙的概念，他们希望有一天自己的理论能用一些独一无二的定律描述一个独一无二的宇宙（证明它不可能是另一个宇宙），如果这个宇宙恰好允许生命存在，一切就会皆大欢喜。还有一些人认为，多元宇宙的解释是一种无法验证的借口，他们也驳斥了那些致力于寻找万物理论的人，并认为不存在这样的理论。

这场涉及三方的争论紧紧围绕着"人择原理"展开，它其实是一个具有误导性的名称，因为它并不是专指人类，而是指所有有知觉的生命形式。从某种意义上讲，人择原理是人畜

---

① 这是多元宇宙理论的版本之一，其中物理定律在大爆炸的高温中随机出现，并直接成为化石。也就是说，它们是冻结机遇。

无害的，它只是强调我们观测到的宇宙一定和生命的存在相对应。因此，我们有幸生活在一颗稳定的恒星附近，这件事不足为奇。而且，我们不可能生存于星系间的空间，并从那里观测宇宙的某个区域。但有时人择原理也会带有一丝神秘气息。正如霍伊尔说的那句发人深省的话，它暗示了有什么东西在"玩弄"物理定律。然而，在多元宇宙背景下，我们的宇宙就算看起来像被人操控的样子也无所谓，因为还有很多其他宇宙存在，其中总有一个生活着像我们一样的生物，并赞颂着那个宇宙的雄伟壮观，无论它有多么古怪。

虽然我没做过民意调查，但据我所知，有很多杰出的物理学家和宇宙学家都相信，我们确实生活在一个恰好处于宜居带的宇宙中，而且多元宇宙必然存在。我个人的想法是，即便多元宇宙真的存在，它也不能将一切都解释清楚。例如，处于永恒暴胀状态的多元宇宙需要一种基于某些物理定律的宇宙创造机制，也就是一种"气泡"生成器。况且，暴胀的超结构本身就运用了量子物理和广义相对论的定律，而这些定律的起源仍未得到解释。我们可以用不同的物理定律和气泡生成器来构建任意数量的多元宇宙模型，问题也随之提高了一个层次，从"为什么是这个宇宙？"升级成"为什么是这样的多元宇宙？"。因此，这种本体论的问题可能无穷无尽。

23.

我们的宇宙会被另一个宇宙吞噬吗？

在宇宙背景探测器展示了斑驳的天空图像之后，理论宇宙学家开始对这些数据展开研究。图像中的斑点是随机的吗？较大的斑点会不会比较小的斑点更明显？如果是这样，这种差异是否遵循某种数学规律？其中的规律与暴胀理论的预测一致吗？后来，我们又发射了更多的人造卫星，上面搭载着更精良的设备，它们获取了大量新的数据。现在，宇宙学家对"斑点学"整体情况的掌握程度已经很高了。但令人沮丧的是，一些反常现象依然存在。

天空的热区图里布满了密密麻麻的斑点，其中一个神秘莫测的斑点最为突出。它位于南半球的波江座，跨度约为5度（相当于10个满月的大小），这意味着它代表了一片巨大的空间。奇怪之处在于，这个特殊斑点的温度远比周围的温度低——这一差异几乎是宇宙微波背景正常温差的8倍。该斑点的起源目前还是一个未解之谜，乍看之下，它就像一位宇宙巨人咬了宇宙一大口后留下的超级真空。天文学家长期以来一直认为，我们能观测到的宇宙（包括恒星、气体、尘埃等）正在被潜伏于星系中心的超大质量黑洞缓慢而无情地吞噬着。但南方天空中的这个"冷斑"似乎暗示着，宇宙的结构中存在着某种更大规模的缺陷。

这不是一两句话就能解释清楚的问题，所以不断有人做出一些颇为疯狂的猜测和解释。比如，劳拉·梅尔西尼-霍顿提出了一种假设：我们的宇宙曾经和另一个宇宙发生过一次激烈的碰撞，该事件在天空中留下了如同化石的疤痕。如此大规模的碰撞会产生大量引力波，并且在宇宙微波背景中留下独特的极化图样。但到目前为止，我们并未搜寻到这样的图样。在由许多"气泡"组成的多元宇宙中，宇宙规模的灾难有很多种，理论物理学家匮乏的想象力构思出的两个宇宙相撞事件只是其中之一。我们的宇宙不仅有可能与其他宇宙相撞，甚至有可能被一个更大、更强的宇宙完全吞噬。

即使我们忽视外部的威胁，内部的威胁也不容小觑。自20世纪70年代以来，认为"我们的宇宙可能会由内而外吞噬自身"的观点持续存在。考虑到量子系统的一般特性，这种情况随时都有可能发生。宇宙自我吞噬事件的过程大致如下。一个激发态（处于较高能级）的原子会跃迁（"衰变"）到一个较低能级，同时发射一个光子。在原子中有效的东西在量子真空中同样有效，如果真像大多数科学家想的那样，暗能量起源于量子过程（也就是说，暗能量是量子真空的能量），那么量子真空可能也具备很多能级，就像原子一样。我们的宇宙恰好处于某个真空能级上，但可能不是最低的能级。令人担忧的地方在于，激发态的量子真空并不稳定，它有跃迁到较低能级的风险，同时释放出巨大的能量。换言之，真空也有可能"衰变"。如果这一事件在宇宙中的任意一个角落发生，就意味着世界末日即将到来。一个小"气泡"会从这个新生的低能级真空中以接近光速的速度扩散开来，它释放的能量会集中到"气泡壁"上。随着边界的扩张，它会将途中的一切事物尽数摧毁。这一过程也许不会有任何预警：只有当这堵"墙壁"以迅雷不及掩耳之势冲到我们的面前，将我们周遭的一切毁灭殆尽时，我们才能意识到宇宙正在遭受毁灭性打击。

实际情况有可能比这更糟糕。膨胀的"气泡"中包含的可能并不是较低能级的量子真空，而是"无"。它不是像黑洞那样的洞，而是一个不含任何空间的"气泡"。它会毫无限制地扩张，横扫一切，最终吞噬整个宇宙，只留下"无"——空间被虚无完全吞没。1982年，普林斯顿高等研究院的理论物理学家爱德华·威滕基于对弦理论的分析，率先提出了这样的观点，即空间会以如此可怕的方式毫无征兆地突然消失。他描述道："一个空洞在空间中自发形成，并迅速扩张至无穷大，同时将途中遇到的所有东西都推向无穷远的地方。"我们可以将空间想象成一块瑞士干酪，现在这块干酪上的洞越来越大，最后这块干酪会彻底消失。

神秘的波江座冷斑只是宇宙微波背景的一系列异常现象中的一个，这些异常现象让宇宙学家百思不得其解。有证据表明，宇宙的半球之间的宇宙微波背景的总能量似乎并不平衡。更奇怪的是，这种不对称好像是以太阳系的平面为界。这一发现极为怪异，很多人称之为"邪恶轴心"，它让宇宙看起来仿若被一把巨大的老虎钳挤压着。为什么会这样？是不是在可观测宇宙之外有什么东西正在向我们发起攻击？我们是不是可以透过冷斑看到"创世前"（大爆炸发生前的时期）的景象？它会不会与我们已知的宇宙大不相同？有没有其他办法能让我们瞥见这个隐秘的"史前世界"？如果沿着这条路向前走，我们能不能找到方法进入更广阔的多元宇宙？又或者，所有令人费解的异常现象都只是统计学上的偶然事件？我们也许应该对这个空间保持警惕……

虽然宇宙级别的大灾难相当可怕，但眼下的事实足以让我们安心：宇宙已经度过了长达100多亿年的岁月，迄今为止一直没有发生过超级大灾难。相较于其他需要我们提心吊胆的事情，我们的宇宙被另一个宇宙吞噬的可能性应该是非常小的。但从科学的角度看，宇宙并不稳定这一点似乎在提醒我们：它会不会在其他方面也有缺陷呢？

24.

宇宙真的漏洞百出吗？

从某种程度上讲，我们的宇宙是特殊的，这一观点可以追溯到艾萨克·牛顿的竞争对手、17世纪的哲学家戈特弗里德·莱布尼茨，他声称我们的宇宙是所有可能存在的世界中最好的一个。他基于神学上的理由，认为一个完美的神不会创造出一个有瑕疵的、丑陋的宇宙。莱布尼茨的乐观论断遭到了众人的嘲笑，伏尔泰在他1759年出版的小说《老实人》中创造了潘格洛斯博士一角来取笑莱布尼茨。

我们的宇宙究竟能否在宇宙选美比赛中脱颖而出呢？想象一下，现在由你来扮演上帝，考虑一下宇宙中还有什么地方需要改进。其实，有一些很容易就能想到的东西，比如再来一瓶香槟、更美的日落和更少的战争。然而，科学家在思考"优化"问题时通常不会考虑诸如此类的因素。

　　将宇宙升级到更好的状态之前，我们得先搞清楚怎样才算"更好"。显然，我们首先应该想到的就是与生命起源相关的条件。生命似乎是个好东西（如果生命无法存在，就不会有人类了），所以一个存在更多生命的宇宙可能是一个改进方向。前文提到过，我们的宇宙很适合生命生存，但它能变得更好吗？我们能不能调整某些物理定律，从而创造出更多适宜居住的地方？

　　天文学家弗雷德·亚当斯认为答案是肯定的。"宇宙还没有完全进化到适合生命生存的地步，"他说，"所以我们很容易就能想到对生命更有利的宇宙。"他的结论建立在一项详尽的研究的基础之上，其研究对象是那些无法解释的自然常数，研究方向是它们的数值变化会对生命产生何种影响。自然常数是指那些看似固定但无法解释的数字，比如电子的电荷、质子的质量等。

　　我们可以想象一台带有旋钮的"设计机器"，通过在这台机器上一个接一个地调整各种常数，我们就能更直观地理解亚当斯的研究。如果你要采用粒子物理标准模型和标准宇宙模型，就会由30多个旋钮来决定力的强度、粒子的质量和暗能量的密度等常数。转动这个旋钮，让所有的中微子变得稍重；转动那个旋钮，让弱力变得稍弱，诸如此类。然后，看看宇宙会发生什么变化？

　　亚当斯正是通过转动这些"旋钮",发现了许多比我们的宇宙对生命更友好的宇宙。例如,如果强核力更强,通过核反应合成碳元素的效率就会更高,恒星的寿命也会比现在长,这意味着它们周围的宜居带可以稳定地保持数万亿年。亚当斯研究了很多类似的特征,并得出结论:伟大的造物主在数学方面漏洞百出,要是当初造物机器能交到他(弗雷德·亚当斯)的手上,他一定会做得更好。当然,亚当斯也好,其他任何人也好,谁都不可能接触到造物机器,但我们至少可以通过观测来确定我们的宇宙到底有多适合生命存在。人择原理只提到了有人居住在宇宙中并观察它,却没有提到人口的规模。宇宙中的生命只是侥幸存活下来的吗?我们的存在是不是宇宙中为数不多的行星上才会发生的小概率事件?这个宇宙在宜居性考试方面只达到了及格线,还是得到了很高的分数(宇宙中其实充满了生命)?

25.

宇宙中只有我们吗?

我的天体生物学讲座往往会以"宇宙中只有我们吗?"作为标题。在问答环节,时常会有听众站起来表示他们知道这个问题的答案,因为他们见过外星人,甚至被外星人绑架过。虽然我并不相信他们的话,但我会尽量表现得不那么明显。不过,我偶尔也会控制不住地恶搞一下。比如,有人问我是否了解美国政府藏有外星人体或坠毁的飞碟,我会说我知道,但我没有披露这些信息的权限。我的这种做法要么会引起轩然大波,要么能让讲座圆满结束。

尽管我非常愿意相信我们并不孤独,但我不得不承认,目前仍缺乏可信的科学证据证明地球之外有生命存在,更不要说智慧生命了。寻找地外生命是一个忽冷忽热的研究领域。早期的科学家在确定了其他行星就是其他世界之后，就对地外生命存在的可能性没有任何异议了。17世纪的天文学家约翰内斯·开普勒认为木星（甚至是月球）上存在生命，但在那个年代，支持和反对地外生命存在的争论更多是基于基督教教条的内涵，而非科学研究。有趣的是，首个提出"科学家"一词的剑桥大学三一学院院长威廉·休厄尔，就出于宗教原因而拒绝接受地外生命的概念，他认为这与基督教的"救恩"和"道成肉身"的唯一性不符。

有关火星上可能存在生命的观点一直持续到20世纪，但随着望远镜技术的进步，否认太阳系中的其他天体上存在生命的科学证据逐渐占了上风。进入太空时代，人类的探测器首次飞掠火星，之后我们又发射了围绕火星的轨道飞行器和登陆舱，终于打消了有关火星人存在的猜测。在非常遥远的过去，火星上可能存在过原始生命（这一可能性至今仍然存在），但近年来研究者的注意力主要集中在外太阳系的一些冰冷卫星上，比如木卫二和土卫二。这些卫星表面厚厚的冰层之下有液态水存在，可能会为某些生物提供适宜生存的条件。即便如此，我们还是对这些天体上存在除微生物之外的生命不抱什么希望。

在过去10年中，天文学家发现了许多太阳系外的行星，其中有一些和地球很像。据估计，仅在银河系内就有10亿颗类地行星。我们面临的主要挑战是，寻找那些在地球上可以探测到的"生物征迹"，这表明在那些遥远的世界存在某种形式的生命。例如，大气中的氧气是一种积极的（尽管不是决定性的）信号，因为地球上的氧气是光合作用的产物。

虽然我们有望探测到许多适宜生命存在的行星，但宜居和有生命存在之间的差异还是很大的。要想让一个宜居的行星产生生命，就必须让一堆杂七杂八的化学物质通过某种方式变成有生命的东西。在我的研究生涯中，人们关于生命的看法已经从对化学物质汤可以轻而易举地产生生命表示极度怀疑，转变成认为宇宙中充满了生命。1973年，弗朗西斯·克里克提出了"生命的起源几乎是一个奇迹"的观点。相较之下，克里斯蒂安·德迪韦于1995年提出，生命的出现是"宇宙的必然"。

如果缺乏可信的事实，就会产生很大的分歧。问题的核心在于，我们对非生命转化为生命的过程几乎一无所知，科学家对该过程也只有零星的认知，无法针对这一事件发生的概率做出可靠的估算。没人知道答案是什么，它既有可能只是侥幸，也有可能是必然。如果你相信有人操控着宇宙朝有利于生命存在的方向发展，后一种答案自然就是对的。要解决这个问题，我们需要的事实只有一个，那就是除我们之外还有至少一种地外生命存在。

26.

我们的后院里有地外生命吗?

大多数人在提到地外生命时，想到的通常是有智慧的外星人，而不是外星微生物。搜寻地外文明计划（SETI）是一个规模很小但正在成长的科学分支。1960年，由弗兰克·德雷克领导的一个乐观的天文学研究团队开始用射电望远镜巡视天空，期望发现来自外星文明的信息。学生时代的我是SETI的忠实粉丝（至今仍然如此），但在20世纪60年代，寻找外星人在很多人看来无疑是疯狂的想法，就好像有人说要寻找仙女一样。著名生物学家乔治·辛普森于1964年发表了一篇题为《类人动物不流行》（The nonprevalence of humanoids）的文章，充分地阐述了当时盛行的科学观点。他在文章中写道："对它们的追寻完全是徒劳的，成功的希望极其渺茫。"

在这种充满怀疑的氛围中，SETI只能在有限预算的支持下蹒跚前行。该项目起初是由美国国家航空航天局出资赞助的，但1993年他们撤资后，整个项目不得不依靠个人捐助来维系，其中最著名的出资人是微软公司的联合创始人保罗·艾伦。不过，SETI的命运后来发生了戏剧性反转。2015年7月，商业巨头、科学突破奖创始人尤里·米尔纳宣布投资1亿美元推动SETI项目，后续还将提供更多资金支持。[①]

尽管获得了充足的资金支持，但SETI使用的传统无线电技术仍在基础科学层面上面临障碍。除非外星人的无线电信号直接射向地球，否则即便是最大的卫星天线也接收不到。而且，除非外星文明能够确定我们的行星上存在一种掌握了无线电技术的文明，否则他们不可能特意朝我们发送无线电信息。当然，他们可以通过检测我们的无线电信号获知这一事实。不过，人类文明发出的第一个无线电信号才向外传播了100光年[②]，所以除非在非常近（天文学意义上的距离）的范围内有外星人存在，否则我们就不能指望他们会特意向我们发送信号。

尽管如此，我们也不是非得通过接收定向的无线电信息才能确认我们在宇宙中并不孤独。我们只需要找到一些非人类技

---

① 近年来，美国国家航空航天局再次将SETI纳入其更宏大的天体生物学研究计划。

② 无线电波的传播速度是光速，而人类历史上的第一次无线电广播发生于1906年12月24日。——译者注

术存在的确凿证据，用行话来说就是"技术签名"。地球上存在着丰富的技术签名：农业改造的生态系统，中国的长城，大气中的氟利昂制冷剂，夜间照明……在银河系中数以亿计的类地行星中，有很多类似的表征可以作为我们搜寻的潜在目标。不幸的是，探测任意一种局限于行星规模的技术，都远远超出了我们目前的能力，所以研究人员把目光聚焦于两种其他途径——巨型建筑和探测器。一个先进的外星文明可以将其技术足迹扩展到母星之外，并且以某种显著的方式改变周围的天文环境。物理学家、未来学家弗里曼·戴森于1960年提出了初步设想，他认为一个能源匮乏的超级文明可能会在其主恒星周围建立一个封闭的空间，以捕获该恒星发出的所有光。这是一种规模巨大的太阳能工程——"戴森球"，它看起来就像一个奇怪的、发出红外光的恒星质量级天体。

　　虽然我们目前还没有找到这样的天体，但2015年佐治亚州立大学的塔贝莎·博亚吉安发现了一颗名为"塔贝星"的恒星，它的亮度会发生不稳定的变化，这让我们非常兴奋。它是不是被某种绕轨运行的人造巨型建筑遮蔽了？尽管很多艺术家对这个概念颇有兴趣，但大多数天文学家认为这种现象应该源于某种自然的原因。另一个奇怪的天体是以波兰裔澳大利亚天文学家安东尼·普日贝尔斯基的名字命名的，普日贝尔斯基星的光谱表明，那里存在大量放射性元素，比如钍、铀、锕、镄等。我们不知道这些元素为什么会出现在那里，难道它是外星核废料堆吗？

　　有能力建造巨型建筑的文明，想必也具备向其他星系的恒星系统发射探测器的技术。那么，在我们的宇宙后院中会有外星人的技术签名吗？如果有，我们要去哪里寻找它们？几年前，我的一名聪明的本科生帮助我测试了在月球上寻找外星文物的可行性。月球表面相对来说很少发生变化，一个中等大小的物体在其表面待上数百万年也不会消失。在亚利桑那州立大学的帮助下，美国国家航空航天局利用月球勘测轨道飞行器（LRO）拍摄了半米分辨率级的月球表面图像，这些图像清楚地显示了存在于月球表面的技术签名。然而，迄今为止我们找到的都是人类留下的痕迹。

　　在天文学意义上，月球并不是我们唯一的亲密伙伴，地球附近还有一些小型的小行星如影随形。物理学家詹姆斯·本福德曾经指出，如果外星人朝我们发射探测器是为了监视地球，这些与地球同轨道的小天体就是它们潜伏数千年的绝佳场所。顺带一提，詹姆斯就是以小说《时间景象》闻名的作家格里高利·本福德的孪生兄弟。如果要长期停泊在地球附近，拉格朗日点将会是上佳之选。该点是空间中的地球引力和太阳引力处于平衡态的区域，停留在这里的探测器不需要进行轨道修正。如果一个处于休眠状态的外星探测器能够"醒来"并与我们交流，搜寻地外文明计划的科学家定会欣喜若狂。然而，在整个太阳系中寻找一个废弃或休眠的探测器无异于大海捞针，因为你要考虑的不仅是空间的广阔，还有时间的浩瀚。太阳系的年龄大约是46亿岁，只有宇宙年龄的1/3，所以在地球诞生之前，宇宙中可能就已经出现过有生命存在的行星了。如果星际探测任务行得通，外星探测器就有可能在地球历史的任何一个时期到达这里。

说到探测器，我认为相较于生物体，我们更有可能遇到机器代理人。在地球上，人工智能（AI）已经渗透到人类活动的方方面面，它们的数学运算速度远超人类，在复杂系统中做出决策的能力也越来越强。未来几十年里，地球上大部分的脑力劳动可能都将由人工智能完成。此外，机器人几乎可以在任何环境下运行，能够承受生物体舒适区之外的严酷条件。如果我们真能探测到外星智慧，那么它们很可能是超先进的后生物物种。

这一结论中隐含着令人沮丧的事实：一个人工智能中储藏的智力成果将会远远超出我们的知识范畴。仅仅是获知这种如上帝一般的实体确实存在（从而证实我们并不孤单），我们对于自己的看法和我们在宇宙中所处位置的认识都将发生很大的变化。

27.

我为什么存在于现在，而非过去和未来？

　　我父母结婚的那天也是伦敦大轰炸的第一天，当时他们在伦敦的一座教堂中，头顶上两国空军激战正酣，弹片纷纷落下，路上的出租车司机纷纷惊慌地按响了喇叭。如果哪个纳粹德国的空军飞行员突然打了个喷嚏，一不小心将本应投掷到附近街道上的一枚炸弹投向了那座教堂，我就不可能写下这段话了。

　　当我还是个小孩子的时候，我对以下事实感到很震惊：如果我的父母从未相遇，我就不会存在。更奇怪的是，如果是另一个精子取代了真正的获胜者，我将变成另一个人！这让我开始思索：我为什么是我？存在主义的焦虑让我寝食难安，随后又出现了一个类似的问题，并让我陷入了更深的困扰：我为什么恰好生活在现在？我为什么出生于1956年而不是1066年或2176年？多年后，我发现至少在宇宙的时间尺度上，这个问题可能有一个粗略的答案。什么意思呢？我们需要先搞清楚"现在"到底指什么时间。从宇宙的角度看，此时此刻指的是宇宙诞生以来的第13 775 248 929年（为了便于说明，这个数字的后面8位是我胡编的）前后。所以，在过去的很长一段时间（以及未来更长的时间）里，我有可能在任意时刻出现，但并没有。这让我存在于现在这件事看起来更加离奇古怪。等一下，10亿年前会存在什么有知觉的生命吗？100亿年前呢？也许有，也许没有。

　　1936年，物理学家保罗·狄拉克注意到"现在"（1936年在宇宙日历中所处的位置）的奇特之处。地球上的年对宇宙来说只是一个随意的单位，但狄拉克指出，物理学为我们提供了一个适用于宇宙中任何地方的基本时间单位，那就是光穿过原子核所需的时间（大约是10^{13}分之一秒）。如果将这个原子单位视为"1"，宇宙的年龄就是10^{40}左右，也就是1后面跟着40个0。狄拉克突然发现这个巨大的数字有点儿眼熟，它跟氢原子中电磁力与引力之比差不多大，这只是一个巧合吗？

　　我强调过很多次，一般来说科学家都不喜欢用巧合（或"大补丁"）来解释某个现象。这两个大数有着截然不同的来源，数值却大致相同，这似乎暗示着它们之间存在某种深层次的联系。宇宙的年龄并不是一个固定的数字，在遥远的过去，当宇宙还年轻的时候，这个数字比现在要小。在大爆炸发生后的100年左右，这个数字约为10^{33}，是现在测得的氢原子中两种作用力之比的10^7分之一，所以刚刚提到的那个巧合在那时似乎并不存在。但狄拉克提出，如果那时的引力是现在的10^7倍呢？这样一来，氢原子中的两种作用力之比同样会变成10^{33}，和宇宙的年龄相等。狄拉克据此认为，引力会随时间慢慢减弱，以保持这两个数字始终步调一致。

1972年，我在的里雅斯特听过一场狄拉克关于这个主题的演讲，那时的他显然还沉浸在这个问题中。遗憾的是，他没能等到该问题解决的那一天。1976年，两艘名为海盗号的航天器带着探测地外生命的任务登陆火星。虽然这一任务最终未能达成，但它们在其他方面有所斩获。每当这些探测器向任务控制中心发送信号，天文学家都能根据无线电通信的时间非常精准地计算出火星的运行轨道。如果引力会随时间减弱，那么该轨道应当会在几年内稍稍变大，而且我们可以从海盗号发回的无线电信号中获知这一点。但结果证明，火星轨道并没有变大。

如果引力的强度是固定的，那么我们似乎生活在一个非典型的宇宙时代，上述两个大数恰好相等。这不是很奇怪吗？普林斯顿大学的天文学家罗伯特·迪克认为这个巧合背后一定有科学解释，并于1961年提出了一个巧妙的想法。他建议我们转换思维，去思考我们当下存在的原因，而不是思考我们为什么存在于现在。生命的存在是当下的事，而在像大爆炸后的

100年这样的时间点不可能存在生命。撇开其他因素不谈，仅仅是当时过高的温度就决定了有机化学机制无法运转。更糟糕的是，当时的宇宙中几乎没有碳元素。想一想，碳是构建生命的关键元素，有了碳元素才有可能出现有机物和有机化学。这种元素是由恒星制造出来的，会随着恒星爆炸被喷射到空间中。迪克据此推断，在至少有一代恒星经历了从诞生到消亡的过程，并将其制造的碳元素散播到其周围的空间之前，宇宙中不可能存在生命。

　　迪克对一颗典型恒星的预期寿命做了粗略的计算，并利用狄拉克提出的原子单位时间来表示计算结果。他认为这一答案既取决于引力（能够挤压恒星并使其核心升温）的强度，又取决于电磁力（决定了热能流出恒星的速度）的强度，并发现答案其实取决于电磁力和引力之比，也就是狄拉克在思考宇宙年龄时备感困惑的那个大数——10^{40}。换句话说，从基本物理原理可以推导出，如果用原子单位时间表示恒星的寿命，那么结果必然是这两种作用力之比。迪克还指出，在遥远的未来，当所有恒星都燃烧殆尽时，生命将难以存活，因为复杂的生命形式需要以阳光作为能源。也就是说，碳基生命能够存活的时间段在宇宙的时间轴上处于中间位置，始于第一批恒星存在的时期（它们从诞生到消亡的时间很短暂，大约是在120亿年前），终于未来恒星数量急剧下降的时期（也许是1 000亿年后）。因此，宇宙历史上的宜居时期可能会持续数个恒星生命周期，而恒星的寿命又取决于电磁力和引力之比——10^{40}。也就是说，这并非巧合！上述推论是人择原理的一次成功应用。

　　迪克的论证让我信服，我现在对自己生活在这个宇宙时代并不感到奇怪。但在人类历史的时间轴上呢？尽管我有可能降生于莎士比亚的时代或百万年后某个美好的乌托邦中，但为什么我最终存在于20~21世纪呢？

　　这个问题的答案令人胆寒，我存在于现在可能是因为大多数人都存在于这个时间段。我们要清醒地认识到，现在存活在地球上的人类占据着历史上所有人类中的相当一部分。其原因在于，这一个多世纪以来人口迅猛增长。在长达数万年的时间里，地球上的人口规模只有几百万，而现在有76亿，还在不断增长。仅从统计学的角度看，如果我们从所有在地球上存在过的人类中随机选取一人，那么他存在于20世纪或21世纪初的概率相当大。但这不能解释为什么我没有存在于未来。考虑到人口的指数增长，难道未来几个世纪不应该有越来越多的人生活在地球上吗？我们的无穷无尽的子子孙孙会在接下来的几千年中继续居住在地球上（甚至银河系中），我为什么不是他们中的一员？

　　这也许是因为他们将不复存在。回顾整个人类历史，我们可以发现，智人社会在几千年的时间里缓慢发展，人口逐渐增加。直到大约500年前人口开始激增，预计到21世纪中期这一数字会上升到100亿。但在那之后，人口可能会以同样的速度急剧地跌为零。只有在人口数量的高峰如此狭窄的情况下，才能保证大多数曾经存在过的人存在于现在这个时间点附近（前后大约几十年的时间段）。因此，这种略显悲观的分析可以解释你我为何存在于现在，我们称之为末日论。它的基本原理是，因为没有充分的理由支撑你我是特殊个体的假设，所以我们存在的时间就是大多数人存在的时间，这也意味着未来存在的人会很少，末日即将来临。

我不想以如此令人沮丧的观点作结，所以我要做出反驳：上述推理也适用于任何有知觉的生命。人类可能恰好处于鼎盛时期，但宇宙中也有可能充满了生命。100多亿年来宇宙中或许存在着各种各样的地外生命，未来甚至会更多，只要它们未被一场宇宙级别的大灾难尽数消灭。如果把"我"也纳入这个更广泛的类别（典型的有知觉观察者），即便这个宇宙时代可被视为"有知觉观察者的高峰"，在未来的几十亿乃至上百亿年里，仍然会有某种具有思维能力的生命形式快乐地生活在宇宙中。

但正如我们所见，这个未来是有期限的。

28.

当宇宙末日来临，人类将何去何从？

2012年12月21日，我在印度新德里发表了一场演讲，演讲的主题是"宇宙的终结"。巧合的是，根据古玛雅历法，这一天正好是"世界末日"。所以，这个日子也是讨论这一主题的最佳时机。我当时对台下的听众说，我不会浪费时间讨论玛雅人的预言，因为如果它是正确的，我们在这场讲座结束前就知道了。

人类对末世论有一种特殊的迷恋，尤其是灾难性结局。《圣经》预言了善恶大决战和天启四骑士的存在；挪威神话预言了诸神黄昏（决定众神命运的世界末日之战）之后，人类将经历一段寒冷、黑暗、毁灭和绝望的时期；佛教经典《长阿含经》描述了天空中依次出现7个太阳的场景，地球由此变得混乱不堪，最终被火焰吞没。宇宙学家的理论也不免带有些许悲观色彩，只不过那些事件的时间尺度往往比神话故事更长，大多是几十亿年后才会发生的事件。

占星学者和神秘主义者可能会研究古玛雅历法中超自然的命理学，宇宙学家则利用数学模型进行预测。我们用于描述宇宙从大爆炸演化至今的方程，同样可以用于预测我们的宇宙在遥远的未来会有怎样的命运。

我们现在认为暗能量占据了宇宙质量的大部分，但在暗能量被发现以前，宇宙的命运似乎只有两种可能：要么继续膨胀，要么反过来坍缩。在后一种情况下，没有什么东西能阻止它暴缩成体积为零而密度无穷大的状态，就像大爆炸的逆过程一样。"大挤压"事件不会很快发生，因为由膨胀转为收缩的过程需要花费数十亿年。

一些宇宙学家认为，大挤压其实可能是一次"大反弹"，之后会发生新一轮的膨胀和收缩。这种反弹的过程也不一定只会发生一次，它有可能是循环往复的：每一次膨胀都会逐渐放缓直至停止，然后开始收缩，接下来是再一次反弹。除此之外，还有其他反弹宇宙模型，它们会涉及更高维度的空间，以及其他细节的调整。但所有这些理论在物理学方面都存在一定的问题，更不用说合理与否了。

一旦将暗能量纳入讨论，宇宙未来的命运就会出现新的可能性，因为暗能量会促使宇宙走向久远的死亡。如果爱因斯坦的假设没有出错，暗能量保持不变，宇宙的最终状态就是不断膨胀、没有任何特征的虚空。另外，暗能量可能不只是存在于空旷空间中的能量，而是一种奇特的新物质（有人称其为"精质"，它具有一些不寻常的特性，我们在此不做深入讨论）。可以说，从末世论的角度看，关键问题在于暗能量的密度是否会随时间变化，这反过来又会影响其加速宇宙膨胀的能力。暗能量可能会减少、消失，甚至变为负值。如果是这样，宇宙最终可能会坍缩并上演大挤压的结局。相反，如果暗能量会随时间增加，等在宇宙前方的将是一种截然不同的命运。宇宙膨胀的速度会越来越快，而且该速度没有上限，最终会上演"大撕裂"的情形。这是一种令人不安的状况，此时的空间会在接缝处破裂，不复存在。上述所有预测都描述了宇宙不可避免的死亡结局，正如第23章所说，毁灭性的量子真空衰变和虚无总会带来瞬间灭亡的威胁。

即使太阳系没有消失在新的量子真空中，并且躲过了虚无泡沫的吞噬，我们身边依然危机四伏。我十几岁的时候，曾在路上告诉一个女孩太阳随时都有可能爆炸。显然，我的这个可怕的警告让她备感紧张，因为此后她经常提起这件事。我向她提起这个话题的动机是用我的书呆子形象博取她的好感，但这完全没有奏效。她要么会认为我具有潜在的反社会人格，要么会觉得我表现出的无所不知令她难以忍受。就连我的巴迪·霍利摇滚眼镜也无法挽回败局，我记得她说我看起来好似一只无

聊的猫头鹰。总之，我这个可怕的预测完全错了，太阳不会突
然爆炸。但是，它也不会永恒存在。在接下来的数亿年里，太
阳的体积会逐渐膨胀，输出的热能也会逐渐增强，直到地球上
的海洋被加热到沸腾状态。随着时间推移，地球甚至有可能被
太阳完全吞噬，陷入一个蒸发的死亡旋涡。

　　恒星可以燃烧数十亿年，但它们的生命终会走到尽头。它
们可能会在一场爆炸之后留下一个演变成黑洞或中子星的核
心；它们也可能会先膨胀再收缩，最终演变成一颗黯淡的白矮
星。但恒星的演化并未就此结束，我们已经观测到黑洞如何吞
噬其他物体，比如路过的恒星、周围的气体或其他黑洞，星系
中心的超大质量黑洞在这方面表现得尤为出色。由于黑洞始终
不分青红皂白地吞噬其他物体，因此它们会越来越大，与此同
时，宇宙中其他部分的物质则会不断流失。

　　尽管黑洞的胃口很大，但它并不是最终形态。回想一下斯
蒂芬·霍金的发现，即黑洞散发的热能会使其发出极其微弱的
光芒。恒星质量黑洞的温度比绝对零度高出一亿分之一开氏度
左右，而超大质量黑洞（比如M87星系中心的黑洞）的温度更
低。这比现在的宇宙微波背景的温度要低，因此净热流是从宇
宙流向黑洞的。但如果宇宙继续膨胀，宇宙微波背景的温度最
终就会低于任意一个黑洞的温度。届时黑洞失去的能量将会大
于它获得的能量，其质量会开始下降，尺寸也会缩小。

　　在威斯敏斯特大教堂的霍金纪念石碑上，我们可以看出这

一过程的奇怪之处在哪里。这块石碑上镌刻了霍金方程，等式左边的 T 代表黑洞的温度，等式右边的 M 代表黑洞的质量。显然，如果黑洞的质量下降，M 就会减小而 T 会增大。我们在日常生活中的经验是，一杯咖啡在散热的同时会逐渐冷却下来，但黑洞在向外辐射热能的同时会变得更热。因此随着时间推移，黑洞的辐射会逐渐加速。黑洞的收缩速度变得越来越快，最终伴随着伽马射线和各种亚原子粒子的闪耀，整个黑洞在一瞬间就完全消失了。一个太阳质量黑洞大约需要 10^{67} 年才能完全蒸发，M87 星系中心的黑洞则需要忍受长达 10^{97} 年的蒸发酷刑！

黑洞辐射释放出的大部分物质最终会以光子的形式出现，一部分会以中微子和引力子的形式出现，还有一小部分会表现为质量更大的粒子，比如电子和质子。随着宇宙不断膨胀并变得更加空旷，这种粒子汤会变得越来越稀，留下的只有越来越少的光子、中微子和引力子的背景，能量趋于零。我们假设暗能量是正的，能够加速宇宙变空旷的过程，这种宇宙的最终状态就是温度比绝对零度高 10^{-28} 开氏度的绝对真空。根据量子力学，这是纯暗能量不可复归的温度。

尽管宇宙坍缩至大挤压的观点已经过时，但该事件最终还是有可能发生的。如果确实如此，那么宇宙万物面临的形势同样不容乐观。当宇宙开始收缩时，宇宙微波背景的温度开始上升，最终会超过所有恒星的温度，导致恒星爆炸。在临近大挤压时，宇宙的温度极高，以至于原子和原子核无法存在。随着宇宙濒临死亡，物质的密度被挤压得越来越大。我们无法掌握宇宙的最终状态，就像其初始状态也笼罩在迷雾中一样。它意味着时空可能在奇点处终结，也有可能成为通往宇宙下一阶段（我们只能对此进行一番猜测）的大门。图17中罗列了宇宙的几种可能的结局。

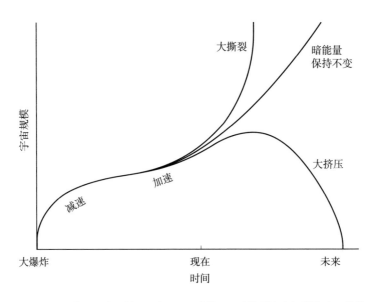

图 17 宇宙的结局会怎样？图中展示了大挤压、大撕裂和永恒膨胀这几种结局（未按照真实比例显示）

人类精神中蕴含的英雄本质在这里展露无遗，尽管摆在我们面前的宇宙命运一个比一个糟，但一些物理学家仍选择勇敢地面对现实。他们不断地追问：如果宇宙是永恒的，那么生命、智慧、感知或其他东西能否长存，至少在遭遇大挤压或大撕裂事件时能荣耀离场？他们的分析相当艰深晦涩，我在这里不做详细的阐述，但根本问题在于，在一个濒临死亡的宇宙中，是否存在某种处理过程能使信息不被减弱？如果无法实现，它们能否借助玻尔兹曼大脑的伪装死而复生呢？这一切归根结底是资源和热力学的问题，我们目前尚未找到答案。我怀疑这种悲观的预测能否在末日终将到来的前提下带来些许慰藉，但我们至少可以这样安慰自己：在接下来长达数十亿年的漫长岁月中，我们的子孙后代有足够的时间做好接受这种命运的准备。

我们照例以稍显轻松的话题结束本章的内容。我要指出一点：这些令人沮丧的预测背后可能隐藏着一个"免责条款"。稳恒态理论最吸引人的一个地方在于，该理论中的宇宙和生命都永远不会消逝，宇宙可以持续不断地自我补充，生命同样如此。当星系步入暮年、不再适宜居住时，先进的文明可以直接迁移到更年轻的星系中去，他们有数十亿年的时间去完成这一壮举。所以，生命可以在空间和时间上遍布整个宇宙。虽然稳恒态理论已经过时了，但永恒暴胀会在更大尺度上发挥同样的作用，甚至有可能产生全新的宇宙。既然我们的宇宙正在走向末日，难道我们不能移居到另一个宇宙吗？我们能否设计出自己的"婴儿宇宙"，并依照恰当的物理定律对其进行修复以保证生命存续，甚至让它更加宜居？

　　许多物理学家都对婴儿宇宙的概念相当重视,斯蒂芬·霍金还就这一主题出版了一本书。它会将我们带回到量子引力这个鲜为人知的领域,该领域的那些锐意进取的理论物理学家对摆弄物理定律非常在行。有一种突然涌现的观点认为,婴儿宇宙的形成可能是由一颗恒星的引力坍缩触发的,其入口位于黑洞内的脐带管或虫洞。在这种情况下,即使你落入黑洞,也不意味着末日来临。虽然你无法再回到我们的宇宙,但你可能会出现在一个婴儿宇宙中,它刚诞生不久,如同经历过一场大爆炸一般不断地膨胀。跳入黑洞进而找到通向新宇宙的传送门,无疑是星际移民的终极目标。这意味着我们将会抛下现在的宇宙,转而选择另一个前景更加光明的宇宙。

29.

宇宙万物都有存在的意义吗？

宇宙最不可理解之处就在于它是可以理解的。

——阿尔伯特·爱因斯坦

我曾经参加过一场激烈的电视辩论，主题是关于科学和宗教。其间，话题一度转向哲学中的还原论（也被称为"无他说"）。该理论认为，真正的现实构建在物质世界的基本组分之上，而人类的所有丰功伟绩、价值观和文化，说到底不过是一堆虚幻的点缀，或者多愁善感的胡言乱语。有一位辩手举了一个鲜明的例子来驳斥这种严苛的观点，他说："当我告诉妻子我爱她的时候，我是否应该假设，那不过是一堆毫无意义的分子将声波传递给另一堆毫无意义的分子？"哲学家阿尔弗雷德·朱尔斯·艾耶尔是一位狂热的还原论者，也是一位著名的无神论者，他强烈地反对上述假设，并声称他也非常爱他的妻子，只不过这种爱的含义完全是由人类构建的。他指出，我们生命中的各种意义都是人为创造的，而不是天然如此。另一位辩手、伯明翰主教休·蒙蒂菲奥里反驳道："你这是在声称不存在终极意义。"艾耶尔被这句话彻底激怒了，他大吼道："我根本不知道终极意义是什么东西！"意义是用于丰富人类生活的概念，一个人可以过着充实、有意义的生活，但给自然或宇宙赋予意义又有什么用呢？

我同意艾耶尔的观点，"意义"的内涵确实极为复杂，所以我会从另一个角度来回答这个问题。16岁那年，我在学校里结识了一个女生，她和我同一年级。我学的是科学，她学的是艺术，所以我们从未一起上过课，唯一一次见面是在学校图书馆。我记得那天我正在费力地进行着物理计算，她就坐在我对面，对着我乱七八糟的草稿纸蹙起了眉头。"你在干什么呢？"她问道。"计算一个球从斜面上抛出所经过的距离。"我答道。她想了一会儿，接着问道："光是在纸上写写画画，你怎么能解决这个问题呢？"当时，我认为她的问题很愚蠢，所以没理会她。这毕竟是我的作业，它当然是有意义的！但现在我意识到，她的话其实触及了一些深层次的东西。科学家和工程师可以运用抽象的数学公式计算出或预测出物理世界将会发生的事情，因为数学是人类思维中的一种理性结构，并且与深层次的自然规律相一致。

　　成功的预测只是数学在描述自然时起到的一种作用，另一种作用是理解。无论我们对自然的描述有多么准确，都与理解世界不是一回事。物理学家通常会将"曲线拟合"简单地看作将数据与拟合度最高的数学函数进行匹配，而忽略了这一函数与一些定律或更深层次概念之间的更广泛联系。然而，科学中充满了令人惊喜的时刻：不同事物之间的联系被揭示是水到渠成的事情。举个例子：20世纪50年代，粒子加速器产生了一大批此前我们从未见过的亚原子碎片。这些新粒子的种类实在太多了，以至于物理学家为它们准备的名字都不够用了。其中有π介子、K介子、Σ粒子、Λ粒子，还有一大堆以其他字母和数字命名的粒子。迅速增加的粒子清单看起来十分随意，令人眼花缭乱。1961年，默里·盖尔曼提出了一个基于群论这一数学分支的解决方案，目的是使这些粒子变得更加有序。他说，这些不同的亚原子实体都是由更小的粒子组成的，他称之为夸克（比如，一个质子含有三个夸克，一个K介子含有两个夸克，等等），并且绘制了简明扼要的示意图来展示它们之间的联系。盖尔曼还根据他那精致的群论模型中存在的空缺，预测了一种当时尚未被发现的粒子，他将其命名为Ω粒子。1964年，盖尔曼预测的这种粒子被发现，粒子"动物园"一夜之间封顶竣工。而且，夸克是真实存在的，我们可以探测到它们在质子内部的振动。

　　理论物理学领域的成功预测不胜枚举，比如希格斯玻色子、反物质、黑洞、引力波……我们往往需要在实验中花费几十年的时间，才能得到这些结果。在我看来，既然我们能从自然中提炼出感觉，那么自然中一定存在着某种类似感觉的东西。也就是说，自然与某种东西相关，人类思维可以通过某种方式理解将它们联系起来的理性结构。这就是"打开通往宇宙之门的钥匙"，但找到这把钥匙绝不是必然事件。一方面，自然不一定天然具备一个简洁的、潜在的数学规律；另一方面，即使真的具备，人类也不一定能够完全理解它。我们无法仅凭日常生活的经验就判断出，自然世界的各种迥异的物理系统本质上是由严格的数学关系网联系在一起的。

　　那么，人类是如何理解隐晦而优美的自然规律的？不知何故，宇宙不仅设计了它自己的意识，还建构了对自身的理解。莽撞又笨拙的原子共同创造出一些生命，这些生命不仅能观看这台演出，还能揭示故事情节，融入宇宙的整体结构，并随着无声的数学旋律翩翩起舞。

　　在本书中，我始终关注的是从科学的角度解读眼下的重大问题，这也是我本人做科学研究的视角。不过平心而论，大多数科学家都不喜欢涉猎哲学问题，尤其是那些已经偏离到神学领域的问题。面对宇宙是否具有某种意义或目的的问题，大多数人要么做出否定的回答，要么像艾耶尔一样认为这个问题本身毫无意义。著名科学家斯蒂芬·温伯格就曾大胆地提及这个话题："宇宙越是显得可以理解，它就越发显得没有意义。"就算只是简单地否认其意义，温伯格还是因为放下身段用所谓的意义来评价宇宙而遭到猛烈的抨击。

　　一个没有来由"就是这样存在"的宇宙，具备"就是这样"的特性。如果以形式逻辑角度描述这一事实，那么用"荒谬"一词真是再合适不过了。如果在自然的表象之下不存在理性、有条理的结构，如果万事万物"就是这样"，如果宇宙是荒谬的，那么科学事业的成功将会完全无法捉摸。我们不能指望此前有效的方法还能继续奏效，也不能指望继续发现其他有意义的新机制和新过程，因为意义不可能建立在荒谬的基础之上。

　　几年前，我在《纽约时报》上发表了一篇讨论这些问题的文章。编辑选择用"信仰科学"作为文章的副标题，我的一些同行对此表示强烈反对。他们反对以任何形式模糊科学和宗教的边界，哪怕"信仰"这个词有多种不同的含义，科学和宗教的某些议题有所重叠，他们也无法接受这一点。知名宇宙学家、科普作家肖恩·卡罗尔给出了较为礼貌的回复，他以独树一帜的语言表达了科学界对自然法则可靠性的共识："关于宇宙中发生的事情，我们找到了一系列解释，这些解释最终阐明了自然的基本规律……归根结底，法则就是法则……没关系，我很乐意接受我们所发现的宇宙的样子。"

　　每位选择探究宇宙奥秘的科学家都面临着一个严峻的选

择：要么像卡罗尔一样接受宇宙本来的样子，将其视为令人费解的残酷事实，然后继续推进实际的科研工作；要么接受科学事业整体建立在更深层次的理性秩序之上。如果选择后者，就要回答一个迫在眉睫的问题：科学究竟能否发展到让我们可以完全掌握如此深层次知识的程度？这是本书讨论的所有重大问题中最大的问题。

30.

谁会成为下一个爱因斯坦？

历史学家认为过去的几个世纪是人类历史上的特殊时期，人类解释世界的方式从将一切归结为魔法和奇迹转变成探索其背后的运行机制。科学方法竟能成功地对如此纷繁复杂的自然进行准确的描述，令人不得不为之惊叹。然而，阐明整个宇宙的宏伟计划仍有待推进，有许多悬而未决的问题留待后人继续研究、思考和解决。前面的章节提到过一些未竟的事业，比如对波江座冷斑的研究。没人知道大爆炸之前是什么样子（不是"无"的话），是否存在更多的宇宙，或者空间到底有多少个维度。宇宙早期真的有过暴胀阶段吗？如果有，那么驱动暴胀的暴胀场具有什么性质？最近测定的与已知数值有所差异的哈勃常数为我们敲响了警钟，对暗物质展开的大规模观测同样应当引起我们的重视。观测结果显示宇宙中存在巨大的空洞，也就是说，暗物质并不像爱因斯坦广义相对论预测的那样呈块状。此外，从大爆炸发生后的40万年到5亿年这段时间里，我们都处于漫长的黑暗之中，这一时期也被形象地称为"宇宙黑暗时代"。20世纪90年代，我们发现宇宙正在加速膨胀，这引出了一个问题：加速度究竟是恒定的还是会随时间而变？这个问题的答案关乎整个宇宙的命运。

一些悬而未决的问题将会在一系列新实验中得以解决。南非和西澳大利亚州正在合作建造一个巨大的无线电天线耦合系统——平方公里阵列射电望远镜（SKA），它将帮助天文学家穿透宇宙黑暗时代的重重迷雾。哈勃空间望远镜的继任者詹姆斯·韦伯光学及红外望远镜将很快发射升空[①]，它会对遥远的宇宙空间进行更加详细的探测。为了研究暗能量是否会随时间变化，欧洲航天局计划在2022年发射一颗名为"欧几里得"的专用卫星[②]，美国国家航空航天局也以此为目标计划发射一台广域红外巡天望远镜。这两个探测器都用于收集有关宇宙100多亿年历史的精确数据，进而更准确地评估膨胀速率是如何变化的。引力波探测器技术也会在未来几年中得到改进，它们可以探测最剧烈的宇宙事件，尤其是那些与黑洞相关的事件，并为

① 詹姆斯·韦伯太空望远镜已经于北京时间2021年12月25日20时15分成功
　发射升空。——译者注
② 欧洲航天局网站显示的发射计划日期已更改为2023年。——编者注

我们提供海量数据。

由于微观世界（极小尺度）和宏观世界（极大尺度）之间的联系非常紧密，粒子和量子物理学中那些尚未解决的问题也会对宇宙学产生影响，比如物质和反物质之间的不对称性。暗物质和暗能量的本质仍然是个谜，但暗物质粒子探测器随时都有可能取得积极进展。我们可能会在宇宙射线或大型地下中微子实验仪器中发现意想不到的东西，升级后的大型强子对撞机或其未来的继任者也有可能创造出我们从未见过的粒子。

理论物理学家的面前也有一大堆仍待解决的问题。目前还没有能完全统一基本力的理论，理论物理学家钻研了数十年的超对称理论也没有得到证实。量子引力理论对解释大爆炸后的最初时刻、黑洞蒸发的最终状态和信息丢失悖论都至关重要，但它不一定是正确的，即使弦理论一直以来都表现得非常抢眼也是如此。重重困难表明，我们至今仍未掌握一套完整的基本物理定律。粒子物理标准模型或许已经摸到了门槛，但它与最终的万物理论相去甚远，我们甚至还有可能发现一些全新的物理定律。除了这些具体的技术问题之外，还有一些基础问题亟待解决，比如，量子物理是否放之宇宙而皆准，以及宇宙的初始条件到底取决于什么因素。有一个深奥的问题与物理定律的状态有关：它们一成不变，还是说宇宙不同区域之间的物理定律有所不同？又或者，不同"气泡"宇宙之间的物理定律存在差异？物理定律在我们的宇宙中会不会随时间改变？物理定律本身真能解释清楚，还是我们永远都不可能通过科学的方法完全理解它们？

　　我在上一章论证了科学的作用不仅仅是解释物理世界，它还为我们理解物理世界奠定了基础。一个真正完美的科学解释是"有意义的"，它可以被纳入对世间万物更广泛的理解。我在前文中列出的那些悬而未决的问题表明，我们对宇宙还有很多不理解的地方。当科学家遇到一个深奥的问题时，他们有时可以通过新的科学发现或更加勤恳地钻研理论解决它。但当我们走进死胡同的时候，往往是因为科学家思考问题的方式出现了错误。相对论抛弃了空间和时间为物质自由运动提供固定的框架这一自然假设，转而支持灵活、动态的空间和时间，从而解决了物理学上许多棘手的问题。量子力学之所以能给微观物理学带来济世之光，是因为它抛弃了原子领域只是日常世界的缩小版这一直觉概念——电子和质子的行为与服从一般因果律的台球并不相同。由此可见，相对论和量子理论的成功都离不开对总体概念框架的根本性改动。

　　我怀疑，如今物理学家和宇宙学家面临的一些问题，同样需要对现有的概念进行彻底的改变。我们是先认识到物理世界是数学世界的映射，之后才找到了打开通往宇宙大门的钥匙。当然，数学是充斥着形式和关系的汪洋大海。然而，理论物理运用的数学结构具有非常特殊的性质，我们选择的标准通常是看它们是否简洁，甚至是否优美。一旦我们将自己局限在这种特定、有限的类别中，就不能确保在物理上有所斩获。为了明确这一点，我们应该将本书涉及的理论（广义相对论、量子力学、电磁学、强核力和弱核力、牛顿力学和引力）统统称为自下而上的理论。这些理论都是根据空间和时间中的某一点构建的，它们只聚焦最简单的层面，物理学家将它们视为"局域"定律。如果按照这一标准，物理系统的复杂性就应该是在一些大型系统（比如生物）中存在的次要性质或衍生特征，而不是应当在基本描述中构建的东西。这是一种还原论观点。还有一种假设是，物理定律是固定、普遍、永恒的。所有这些假设未来都有可能遭受诘难。

接下来，我要举例说明另一种可采取的进步方式。有时，这些奇妙且深受喜爱的理论会将我们引向离奇的预测。在第16章，我提到了电磁学定律何以能够描述回到过去的无线电波。这种荒谬的结论难道是我们抛弃整个理论的理由吗？并不是，事实证明，在时间上逆向传播无线电波并非不可能，而是可能性很小，就像通过洗牌让被打乱的扑克牌恢复出厂顺序一样。我还严肃地讨论了广义相对论何以允许我们进行回到过去的时间旅行，这可以说破坏了因果关系的理性基础。那么，这是否表明我们应该抛弃广义相对论，转而支持一种免受悖论影响的描述空间、时间和引力的理论？如果奇点不一定只被困在黑洞之中，而是可以通过引力坍缩形成，那么类似的因果关系问题同样会出现。如果"裸奇点"能够形成或被设计出来，它们产生的影响将完全超出理性研究的范围，因为奇点处的因果关系将遭到破坏。

　　有一种方法能够避免这种令人不快的情况，那就是从某些首要原则入手，就像爱因斯坦建立相对论及马赫试图将离心力的来源归因于宇宙结构时所做的那样。通过采用这种"自上而下"的方法，我们可能有机会排除某些在哲学上古怪得令人反感的可能性。许多科学家都无法接受完全相同的世界、完全相同的生命和像玻尔兹曼大脑这样的概念。我们是否应该发明一种新的自然法则来禁止它们出现，并且将该法则与物理定律放在同等重要的位置上，以便我们排除任何能预测到这些概念的宇宙模型？类似的"止步定理"也被应用于其他令人不快的情形，比如永动机、裸奇点和时间旅行。长久以来，科学一直受到充足理由律的启发，这一原则是由莱布尼茨最先提出的，它认为事物之所以是这样而非那样一定有其原因。也许我们还需要一个充分合理律？我们可以把这一原则作为起点，进而确定恰当的数学结构，而不是依照惯例以自下而上的理论为起点，并时刻祈祷它们不会得出荒谬的结论。必要的数学结构可能包含新的定律，比如，非局域性定律，或者随空间和时间变化的定律，或者在复杂性超过一定限度的系统中有所不同的定律。也许，它们还会以一种我们未曾想到过的形式出现。现在，我们需要"下一个爱因斯坦"将这些想法整合到一起，形成一套完备的理论。

　　这就是我的愿望。宇宙学的黄金时代是一段幸运的时光，也是一趟满载科学发现和理论进步的梦幻之旅，不过它也许长久不了。毕竟，没有谁能保证人类的智慧能胜任我在本书中描述的宏伟计划：将宇宙阐释明了，建立大统一理论。我们手中那把珍贵的宇宙之门钥匙也许可以打开藏有自然奥秘的盒子的最外面一层，但有可能永远也接触不到最核心的机密。然而，我始终坚信，在科学方法不断取得成果的同时，人类仍要坚持不懈地追求终极目标。

图片权利说明

图 1，4，6，7，11，经由 NASA 提供；

图 9，由 Cardozo Kindersley Workshop, Cambridge 设 计 和
剪裁；

图 13，copyright © Westminster Abbey。